지금 멈추지 않는다면

지금 멈추지 않는다면

2024년 11월 8일 초판 1쇄 인쇄
2022년 11월 8일 초판 1쇄 발행
지은이 | 권영심
펴낸이 | 황선진
펴낸곳 | 바향서원
마케팅 | 최진성
주소 | 서울시 구로구 부광로 88, SK V1 B동 205호
메일 | timebattle67@naver.com
전화 | 032-511-6618
팩스 | 0303-3440-0828
등록번호 | 제 2022-0000015
등록일 | 2022년 7월 19일
ISBN 979-11-980429-4-1 (03450)
권영심 ⓒ 2024
이 책의 저작권은 저자와 바향서원이 소유합니다.
신저작권법에 의하여 한국 내에서 보호를 받는 저작물이므로 무단전재와 복제를 금합니다.

If we don't stop now
지금 멈추지 않는다면

권영심 지음

병든 지구를 살리기 위한 권영심 작가의 처절한 고해성사

바향서원

차례

프롤로그 007

PART 1. 지금 멈추고 변화하지 않는다면

생명의 진화 010
녹색별의 운명 공동체 014
사라지는 물 018
자연의 잔혹한 규칙 022
울부짖는 대지 026
바다엔 이제 무엇이 남아있나 030
물 우리의 생명 034
인류가 지금 지켜내지 못한다면 039
지금 멈추고 변화하지 않는다면 043
빙하가 사라지면 해수면은 상승한다 047
사람들이 사는 곳 내가 사는 곳 051
지구별에 세들어 사는 인간 하나의 근심 056
가장 잔혹한 동물, 인간 060
한 종이 목숨을 잃으면 우리는 그 종을 다시는 볼 수 없습니다. 064
홀로세, 기후의 안정기 068
20세기 최대의 환경 재앙 아랄해 072
일본을 배우라고 말하지 마라 076
카트만두의 오염 080
수도권 매립지는 인천의 영구 시설인가 084
에베레스트의 똥 수난 088

나는 지구별의 최상류층이다. 092
신성한 산에 신성이 사라졌다 096

PART 2. 지금 실행하지 않는다면

생태 환경 복원을 위하여 102
제로 웨이스트 운동 106
탄소 중립을 정확하게 알자 110
탄소중립을 지금 실천하지 않는다면 114
아들은 지구별을 위해서 무엇을 할까 118
호모 쓰레기쿠스의 고민 122
고기를 먹는 것의 잔혹함 126
음식물 쓰레기를 자연으로 130
푸드 마일리지 134
온칼로 책임을 지는 세대의 본보기 138
탄소 배출 없는 에너지원은 무엇일까 142
판다의 먹방 146
먹거리를 만드는 위대한 직업 농민 150
기아 인구 8억 2천만명 154
공해가 되는 옷 158
시드볼트, 인간이 만든 노아의 방주 162
발리의 네피 1 166
발리의 네피 2 171
플라스틱과의 공존 175
생명의 연결고리 180
티핑포인트 184
살기 좋은 마을을 만들어가고 싶다 188

PART 3. 심판의 날에 뜨는 비행기

1997년, 청주 소로리에서 발견된 볍씨 194
짐승 같은, 짐승보다 못한 198
서로를 위로 하며 격려하며 202
플라스틱 조화 쓰레기 207
먹는 죄, 사는 죄 211
생명의 무게는 같다... 가 맞을까? 215
도시 재생, 개발의 의미 219
섬나라가 만드는 암흑의 바다 223
냉혹하고 무심한 이웃 227
공익이라는 광고의 아이러니 231
우리 동네의 하천 235
심판의 날에도 뜨는 비행기 242
에필로그 245

프롤로그

왜 제목을 '지금 멈추지 않는다면'으로 정했느냐고 묻는 사람들이 많았다. 무엇을 멈추어야 하느냐고, 내가 뭘 멈추어야 지구 환경에 도움이 되고 지구별의 주민으로 살아갈 수 있느냐고 묻기도 했다.

이 책은 그 해답을 위해 각자가 할 수 있고 걸어갈 길에 대하여 조금 보여주는 내용들이다. 우리가 잠시 빌려 사는 이 지구에서, 너무나 많은 잘못을 스스로도 모르는 사이에 저지르고 살고 있음을 나는 진정 말하고 싶다.

그 잘못을 이제 멈추어야 하는 것을 간곡하게 호소하고 싶다. 그래서 내가 멈추고, 우리가 멈추고, 지자체가 멈추고, 국가가 멈출 때 지구의 눈물과 한숨도 함께 멈출 것임을 나는 말하고자 한다.

환경 운동가들만이 환경 운동을 하는 것이 아니다. 이미 늦었다고 많은 사람들이 말하고 있다. 그들의 말대로 정말 늦은 것인가에 대하여 사색하고 성찰하면서 나는 이내 조급함을 느끼게 되었다.

아직 늦지 않았음을, 말하고 싶은 조급함. 지금 멈추어도 늦지 않았음을 나는 말하며 지구 환경 회복이란 희망의 메시지를 전하는 사람이 되고자 한다. 실천하며 행동하며 전하고 호소하면서 어머니인 대지에 내가 돌아갈 그날까지 나는 내가 만나는, 지구의 모든 날들을 환호하면서 글 쓰는 것을 멈추지 않을 것이다.

PART 1.
지금 멈추고 변화하지 않는다면

01:01
생명의 진화

　이 지구별 최초의 대멸종은 빙하기였고, 그동안 무려 생명의 85%가 죽음을 맞이했다고 한다. 왜 갑자기 빙하기가 찾아왔을까? 아이러니하게도 지금 이 시대 최대 걱정거리인 온실가스의 주범인 탄소가 없어졌기 때문이다. 이산화탄소는 지구별 온도를 지속시켜 주는 중요한 원소인데, 그 시기에 이산화탄소 농도가 60% 이상이 옅어졌다고 한다. 열대와 같았던 그때까지의 지구 환경에서 빙하기는 죽음의 시기가 될 수밖에 없었다. 그때까지 번성을 누리던 생명체들은 거의 죽음을 맞이했고, 지구의 표면적 반 이상이 얼음으로 뒤덮였다. 지구상엔 지금까지 적어도 네 번의 빙하기가 있었다고 한다. 지금의 시기는 간빙기라고 부르고 있다.

고생대 3억 6천만 년 전에서 2억 6천만 년 전 사이에서 일어난 이 빙하기가, 사실상 처음의 빙하기는 아니었으나 카루빙기라고 불린 이 시기에 대부분의 생물이 멸종되었다고 한다. 마지막 빙기인 최종 빙기는 대략 일만 년 전에 끝났다는 것이 학계에서는 정설로 받아들이고 있다. 그렇다면 앞으로 지구엔 두 번 다시 빙하기가 도래하지 않을 것인가? 현재 지구의 시기를 간빙기로 보고 있으며 일만여 년 이상 지속되고 있다. 온실효과로 인한 인위적인 여러 가지 요인들이 영향을 미칠 테지만 앞으로 간빙기가 오만 년 이상 지속된다고 말하는데 우리로서는 알 수 없는 일이다. 밀란 코이치 주기에 대입해도 알 수 없다고 생각하는데, 지구별에 대해 지대한 관심이 있는 나는 지식이 일천하지만, 알기 위해 나름 공부한다.

빙하기가 멸종을 가져왔으나, 그것은 어쩌면 너무나 방만하게 진화해 가던 생명들의 정리 시기가 아니었겠느냐는 엉뚱한 생각을 해보는 것이다. 지금 이 지구에 각자의 모습으로 생존하는 모든 생명체는 대멸종을 이겨내고 진화한 결과물이다. 왜 저렇게 생겼을까가 아니라 저런 모습인 것은, 반드시 그랬어야 하는 이유가 존재했고, 그 이유가 합당했기 때문이란 것을 이해해야 한다. 수 억 년에 비하면 찰나조차도 되지 못하는 시간을 살아가는 나는, 진화의 힘을 현재 느끼고 경악하고 탄복하고 있다. 몇십 년 사이에 달라진 이 땅의 사람들의 외모가 너무나 놀랍다. 작아진 두상과 길어진 팔다리와 신장과 크고 동그란 눈은 마치 외계인을 보는 듯하다.

나는 사십여 년 전에 아기를 낳았는데, 돌이 되기 전에 가장 우려한 것은 아이의 목을 잘 가누게 하는 것이었다. 기어다니고 뒤집고 옹알이하는 과정을 무사히 겪으면서 기쁘고 행복했다. 태어났을 때 눈을 못 맞춘 것은 당연했다. 그러나 요즘 태어나는 아기들은 신생아실에서 부모와 눈을 맞추고 간호사가 손을 대지 않아도 목을 가눈다. 한 달 된 아기가 음악 소리에 반응하는 모습을 실제 보면서 너무나 놀라웠다. 진화되는 인간의 모습을 살면서, 실제로 보는 것이다. 그것이 너무 신기해서 생명의 진화란 무엇일까에 다각도로 접근하면서 공부했다. 그런데 공부의 결과가 아니라 어느 순간 깨닫는 하나가 있었다. 내가 깨달은 진화의 비밀은 태양도, 바다도, 그 무엇도 아니다. 그 생명이 간절히, 그 무엇보다 그리되기를 원했기 때문이라는 것을 나는 알았다.

지금 우리의 모습은, 계속 바뀌어 가는 젊은이들의 모습은, 태어나는 아기들의 놀라운 영리함과 유연함 또한 그렇게 되기를 바라는 열망이 만든 진화의 결과이다. 앞으로도 지구의 모든 생명은 진화를 거듭할 것이고 거기에 인간의 위치가 그날까지 이어질지 누가 짐작할 수 있을까? 이 깨달음을 준 것의 하나는 반려동물이다. 인간이 스스로 집사라고 하면서 개들을 조공하고, 그 조공을 받는 개들의 너무나 도도한 표정들을 보면서 화들짝 놀라고 말았다. 주인의 품에 안겨 어디에나 출입하는 개들의 표정에서 순간, 공포를 느꼈다면 내가 틀렸을까?

그 어느 날 개들이 인간을 반려동물로 데리고 다니는 모습을 상상했다면 말이다. 수천만의 생물이 있으나 그 생물의 모든 시작은 아주 작은 하나의 같은 세포였다. 그것이 각자의 환경과 필요와 열망에 의해 모습들을 달리했을 뿐이란 사실이다.

01:02
녹색별의 운명 공동체

　지구별은 현재까지 유일하게, 우주에서 단 하나 빛나는 녹색의 별이다. 푸른 지구라고 말한다. 그런 지구의 푸르름을 유지하고 지속하게 하는 것은 다양하고 광범위한 기후 변화였다. 지구의 숨쉬기가 산림을 지속하게 하고 바다의 순환을 가능하게 했다. 그러니 기후 변화는 당연하고 마땅한 것이었다. 기후에 변화가 없다면 이 지구는 순환되지 못하고 어떤 식으로든지 벌써 멸종했을지도 모른다. 그런데 지금 이 세기에 들어와서, 지구 기후 변화가 왜 이렇게 위기로 다가오는 것일까? 백여 년 전만 해도 지구의 어떤 사람도 지구의 기후 변화를 두려워하지 않았다. 아무리 심한 태풍과 폭풍도, 가뭄도 모두 당연한 것으로 여겼다. 사막은 언제나 뜨거웠고, 남극과 북극은 변하지 않는 빙하의 나라로 그곳에 존재했다. 이상 기온의 변화가 때로 감지되어도 당연했다.

　산업화는 인류의 생활을 획기적으로 바꾸어 주었으나 그로 인한 가장 큰 문제가 재앙이 되어 나타날 줄 아무도 예측 못했다. 지구의 평균 기온이 애초에 인류학자들이 예상했던 것보다 훨씬 가파르게 상승했기에 공포로 다가오는 것이다. 지구온난화를 지나서 지구가열화로 되어 가는 것을 우리들은 현재 체감하고 목도하고 있다. 우리들이 말하는 1.5도의 온도 상승은, 인류 모든 나라의 산업화 이전의 예측이었다. 그러나 산업화는 애초의 예상을 뛰어넘어 세계 각국을 통해 급속도로 이루어졌고 이것은 예상하지 못한 일이었다. 그로 인한 기후변화는 지금까지의 인류가 겪어보지 않았고 상상조차 못했던 초유의 사건이었다. 그러니 기후 변화라는 말보다 이상 기후 현상이라고 말하는 것이 옳지 않을까?

　인류가 문명을 이룩해 온 만여 년의 시간 동안 기후의 평균 온도는 1도 증폭을 크게 상회하지 않았다. 그것이 산업화 이후 생태 환경이 깨어지면서 각종 이상 기후가 발생하였고 이 일은 인류의 생존을 극히 어렵게 할 것이라는 우려를 낳고 있다. 인류는 현재의 온도에서 1.5도 이후 기온 상승의 환경에서 살아 본 예가 없다. 지구 표면 온도는 14도에서 15도를 유지하고 있었고 이것은 거의 변하지 않았다. 우리가 지금 온실가스의 주범으로 여기는 탄소가 대기 변화를 지켜주는 중요한 역할을 했다. 그 탄소의 농도가 높아져서 지구의 표면 온도가 높아지고 이 행성을 뜨거운 별로 만들어가고 있다. 왜 이런 현상이 생겼을까? 지구에 살고 있는 수많은 종, 그 어느 하나라도 이 일에 관여한 종은 없다. 오직 인간의 이익에 가득 찬 경제 활동들이 기여했을 뿐이고 문제의 원인이 되었다.

이 모든 활동이 가속화된 것이 1950년대 이후라고 보고 있고 '대가속화시대'라고도 부르고 있다. 그래서 기후변화 등의 환경문제는 어느 한 나라만의 일이 아니게 되어버린 것이다. 지구는 녹색으로 빛나는 별인데, 붉은 별로 변해가고 있는 사실이 외계인의 침공보다 무서운 현실이 되어버렸다. 탄소중립에 대한 정의가 분분하지만 탄소 배출을 줄이는 것만이 다는 아니다. 탄소는 인류에게 필요한 물질이지만 너무나 과중한 사용으로 현재 지구 기후 상승의 가장 큰 요인이 되어버렸다. 현재 탄소 배출 감축과 잔여 탄소를 최대한 제로로 만드는 것이 탄소중립이다. 탄소를 줄여가는 방식을 나라마다 최대한 찾아내는 것이 무엇보다 중요하다. 그럼에도 많은 나라들은 어쩔 수 없이 탄소 배출을 하는 연료를 쓰고 생활하고 있다. 이것을 전 인류적인 문제라고 여기고 해법을 도출하도록 최선의 노력을 다해야 한다. 인류가 이런 운명공동체가 된 것은, 아마 인류사가 생긴 후로 처음일 것이다. 이 공동체가 멸종하거나 멸종하지 않거나 나는 지구 안에서 내 생을 마쳐야만 한다.

안타깝게도 탈탄소화는 요원하다. 탄소를 배출하지 않거나 탄소를 포집하는 기구의 개발이 중요하겠지만, 가장 중요한 것은 자연 생태계가 스스로 탄소를 처리하게 만들 수 있도록 복원 탄력성을 되찾게 해주는 것이다. 자연계 스스로 배출하고 소비해서 더 이상 지구 생태계를 위협하지 않도록 만드는 것이 진정한 탄소중립이라고 본다. 하지만 복잡한 혈관처럼 얽힌 각국의 이해관계는, 온전한 해법을 찾기 어렵게 만들고 있다. 토양 오염으로 인한 토종생물들의 서식지 소멸도 어떤 이에겐 커다란 이익으로 다가간다. 지구별의 수많은 곳이 그런 이해관계로 갈등이 생기고 분쟁 지역이 되어 지구별의 녹색지대는 점점 줄어들고 있다. 미래의 어느 시점에서 우리의 후손들은 이 지구를 녹색별로 부를 수 있을까?

01:03
사라지는 물

 나이를 먹으면서 확연히 바뀐 것이 있는데, 주변을 살피는 눈이 완전히 달라진 것이다. 무심히 지나가고 별생각이 없었던 것에 관해서 관심이 생기고, 그 관심은 걱정과 함께 많은 생각을 불러왔다. 인천에 온 이후 많은 곳에 사람들과 함께 갔었는데, 특히 성당에서 산악회를 주관했던 몇 년 동안 이후로 지금까지의 나의 관심사는 물이다. 자연을 방문할 때면 물이 사라지고 있는 것을 나는 느끼고 있다. 마치 온 세상이 물로 채워져 있는 것 같았던 강원도 계곡마다 물들이 줄어들고 없어지는 것이 내게 아주 민감하게 다가왔다. 이십 대에 갔었던 강원도 원주 치악산 금대리 계곡의 그 무섭도록 넘쳐흐르던 물과, 내린천이며 이름난 호수와 계곡의 물들이 줄어들다 못해 이젠 개골창이 되었다. 산골마다,

산비탈의 작은 웅덩이에도 맑게 넘치던 물들이 이젠 다 말라붙어 먼지만 폴폴 거린다.

　십여 년 전 설악산으로 산행하러 갔을 때의 충격은 아직도 뇌리에 선명히 남아있다.

　초겨울의 산행이었는데 대부분의 휴게소와 펜션들이 문을 닫고, 다른 곳으로 피난을 떠나고 없었다. 몇 년 동안의 가뭄으로 인해 물이 없어서 살아갈 길이 없어 떠난 것이었다. 화장실은 열려 있으나 참혹한 상태였다. 그렇게 오물이 쌓이고 더럽혀진 상태의 화장실은 정말이지 처음 보았다. 앞서, 몇 년 전에 화천으로 귀촌했던 지인 내외가 그해 겨울에 인천으로 피난 왔다. 강원도에 물이 부족하리라는 생각은 꿈에도 하지 않았고, 계곡 아무 곳에나 상수도 시설을 하면 되리라고 여겼던 것이 커다란 실수였다. 그 뒤 그 부부는 몇 년에 걸쳐서 물을 확보할 수 있는 시설을 해야 했는데, 엄청난 돈과 노력이 들었다. 그래서 지금도 가뭄이 되면 걱정이 태산이다. 겨울에 눈이 많이 와서 걱정이 아니라, 눈이 적게 내리는 것이 이 부부의 큰 걱정이어서 나까지 덩달아 근심이다.

　부산의 구덕산은 내가 아주 어릴 때부터 그림을 그리러 다녔던 곳이고, 결혼한 이후엔 걸어서 십여 분의 위치의 동네에서 살았다. 여름이면 온 동네 사람들이 구덕산으로 거의 매일 몰려갔다. 어디든지 물웅덩이가 지천으로 있었고 그런 훌륭한 피서지가 따로 없었다.

　구덕산 공원의 계단을 올라 산길을 걸어가면, 길 양쪽의 계곡에서 물 흐르는 소리가 굉장했었다. 비라도 많이 내린 다음 날이면 걷기에 위험할 정도였다. 그러나… 지금은 물줄기를 찾는 것도 힘들다. 우리나라는 유엔이 인정한 물 부족 국가이다. 사실일까? 한 마디로 낭설에 불과하다. 삼십여 년 전에 미국의 인구행동연구소라는 곳에서, 한국을 개인당 물 스트레스가 심한 나라라고 분류한 것이 여러 매체의 오보를 통해서 지금도 버젓이 환경 강의에도 인용이 되고 있다.

　공신력이 있는 기관에서 물스트레스가 심한 나라라고 분류하긴 했으나, 마치 물부족 국가라고 낙인찍힌 것처럼 인용해선 안 된다. 그러나 물이 부족하고 나날이 물부족이 심각해지는 국가인 것은 부인할 수 없는 사실이다. '삼천리 금수강산'이란 말이 있을 만큼 온 강토에 넘치는 옥수로, 굶주린 백성들을 살리기도 했던 물이 이젠 없다. 초근목피로 연명하던 백성들이 잘못되어 피똥을 싸면, 사람들은 큰 솥에 개울물을 가득 담아 소금 쪼끔, 아니면 된장 한 숟갈을 넣어 팔팔 끓여 몇 그릇이나 마시고 설사를 했다. 먹지 못해서 힘들었으나, 그렇게 뜨거운 물을 먹고 설사가 그치면 살아났다. 집 마당에 흐르던 개울물조차 그냥 마셔도 되는 나라였던 이 한강토에 물이 마르고 더럽혀지고 있는 현실을 우리는 외면해선 안 된다.

물은 대지의 핏줄이고 우리의 목숨줄이다. 이 한강토뿐만 아니라 전 세계적으로 온난화가 가중되고, 기후는 불안정해지면서 물의 고갈은 갈수록 심각해진다. 물을 아끼자는 슬로건은 넘치지만 정작 물을 어떻게 아낄 줄은 모르고 있다. 양치질할 때 컵에 물을 받아서 쓰기만 해도 많은 물을 절약하게 된다. 샤워 중에도 비누로 몸을 문지를 때, 물을 잠시 멈추기만 해도 엄청난 물을 절약할 수 있다. 설거지할 때도 물을 받아서 쓰는 버릇만 들여도 얼마나 많은 물을 절약할 수 있을지 생각해 보면 우리가 할 수 있는 답이 나온다. 지인 중에 청라의 고급 아파트에 사는 이가 있는데, 그 집에 한 번 간 이후 나는 그녀를 존경하게 되었다. 화장실에서 작은 일을 보고 나면 물을 내리는 것이 아니라, 뚜껑이 있는 양동이에서 물을 한 바가지 퍼내어서 변기에 부었다. 그녀는 수도세를 아끼는 것이 아니라 진심으로 물을 아끼고 있었다. 그런 작은 절약을 실천하고 마음을 쓰는 것이, 우리가 지금 세 들어 살고 있는 지구에 대한, 작은 예의인 것이다. 그런 예의를 지킬 때 우리는 장차 다가올 물의 재앙을 막을 수 있음을 명심할 일이다.

01:04
자연의 잔혹한 규칙

내가 쓴 글을 읽은 사람들은 나를 매우 자연을 사랑하고, 그 가운데서 살기를 원하는 사람으로 생각한다. 맞기는 하다. 나는 자연의 모든 것을 원래의 모습으로 사랑하고 지켜야 한다고 주장하는 사람이다... 하지만 정직하게 말하자면 나는 자연을 무서워하고 두려워한다고 봐야 한다. 어릴 때 내게 다가오는 자연이란, 인간의 온갖 공격과 약탈에도 그저 당하면서 있는 무기력한 존재는 아니었다. 자연이 주는 자원이 무한하지 않음을 알게 된 이후부터였나 보다. 그런 이유도 있으나 실제 자연의 모든 것이 내게는 너무나 싫고 무서운 것들로 이루어진 존재로 기억한다.

나는 아주 작은 개미도 몸서리칠 정도로 무서워하고 꿈틀꿈틀 움직이는 것이라면 어떤 것이라도 견디지 못한다. 심각할 정도여서 그렇게 장난이 심했던 남동생도 내게 그런 것으로는 장난을 치지 못했다.

학교 운동장의 소나무에서 송충이를 잡아 와서, 무심코 벌린 내 손바닥에 놓은 동생은 무서운 경험을 하게 된다. 가게에서 그랬는데 손바닥에서 꿈틀거리는 송충이를 보고 내가 그대로 엎어지며 기절했고 동생은 아버지에게 죽을 만큼 맞았다. 나는 며칠을 헛소리하면서 앓았고, 아버지가 내 손을 잡고 괴로워하는 모습을 혼몽 중에 보기도 했다. 남동생이 일 학년 때였는데 나는 그 후 산에 가지 못했다. 소풍을 꼭 고갈산으로 갔기에 가긴 갔지만 나무들이 없는 곳에 서거나 앉았다. 보물 찾기는 아예 할 생각도 갖지 않았었다. 그때는 산마다 있던 소나무에서 송충이 구제 작업을 '초등학생들'이 했었고, 깡통 한 통을 채워야 했다. 아마 저학년은 하지 않았고, 고학년생들이 동원되어 한 모양인데, 나는 한 번도 가지 않았다. 아파서였는데 실제로 열이 나고 온몸이 아파서 일어나지 못하니 아버지가 학교에 가서 결석으로 처리했다.

그런 내가 어른이 되어 몇 년 동안, 깊고 험한 산의 토굴 같은 오막살이 절집에서 지낸 적이 있다. 어두워지면 아무것도 보이지 않고 촛불 하나만 밝히고 살면서도 무섭지 않았다. 밤마다 별별 괴이한 울음소리와 자취가 찾아왔으나 그것은 자연스러운 일이었다. 그 적막감과 내밀한 속삭임들은 내게 자연에 깃들어 있는 영을 알게 하는 시간이었고, 풀 하나에도 엄정한 질서가 있음을 알게 했다. 정작 무서운 것은 정말 작은 것들. 벌레들과 곤충들과 설치류였다. 날이 따뜻해지면 그것들과의 전쟁이었다. 내가 거주하는 공간엔 하얀 벽과 책과 문방구들만 있었고 어떤 음식 쪼가리 하나 놓지 않았다. 먹을 것이 없다는 것을 그들이 알면 절대 침범하지 않는다는 믿음을 갖고 있었고 맞기도 했다. 겨울엔 산속을 뛰기도 하고 오래 걷기도 했지만, 만화방창 봄여름 가을은 주변의 아름다움만 볼 뿐. 그 속에 절대 섞이지 않았다. 지금도 마찬가지다.

수목원에 가거나 산악회에서 등산할 때도 나는 풀과 나무가 없는 곳을 걷고 올라갈 생각도 갖지 않는다. 내가 나무들의 공간, 즉 숲에 관해 느끼는 감정은 거의 공포에 가까운 경외심이다. 그 나무에 깃들이는 수많은 생명체를 알기에 발걸음 하나도 조심한다. 어느 곳에서라도 고사리 하나 꺾지 않으며 나물이란 이름으로 따지 않는다. 인간에게 이로운 식물들은 때가 되면 자신의 생명을 거두는 손길에 순응할 것이지만 나는 아니다. 배낭 가득 미어지도록 나물을 캐면서 결국 반 이상 버리는 손길들이 그저 안타까울 뿐이다. 인간이 숲에 가하는 해악은 이루 헤아릴 수가 없다.

자연계의 가장 잔혹한 포식자는 인간이며 언제까지나 그럴 것처럼 보인다.

그러나 결코 아님을 나는 안다. 천라지망처럼 얽혀 있어 순환되는 자연의 엄혹한 법칙에서 인간만 벗어나는 일은 결코 없을 것이다. 인간 역시 자연의 일부인 것이다.

왜 인간이 자연을 지배하고 그 법칙에서 벗어나도 괜찮다는 생각을 갖게 되는지는 잘못된 학습의 결과일 뿐이다. 자연계의 법칙은 우주의 순항이며 벗어날 수가 없음을 우리는 조만간 알게 될 것이다. 누리고, 가지고, 마구 헤집었던 사람들은 떠나고 후손들이 한꺼번에 받게 될 천재지변을 생각하면 너무나 마음이 아프다. 이 세상에 그저 주어지는 것은 없다는 인식만 가져도 많은 것을 되돌릴 수가 있다. 물과 공기를 비롯한 자연이 공짜라는 인식이 얼마나 큰 해악을 끼치는지 지구의 곳곳에서 나타나고 있지 않은가? 내가 목숨이 있는 존재하는 한 풀 한 포기, 나무 한 그루에도 생명이 있음을 알아 달라고 말하고 싶다. 나는 알기에 자연을 두려워하며 언제나 조심을 다 한다. 내가 할 수 있는 것이 그 정도뿐인 것을…

01:05

울부짖는 대지

요즘 어느 한곳에 집중하는 폭우로 인한 수해에 특정 지역들이 난리가 났다. 수해로 잃은 목숨이 마흔 명이 넘는다니 이런 사고는 인재일까? 어쩔 수 없는 천재지변일까? 고대로부터 치산치수를 잘하는 것이 부국강병의 기초였고, 요순 임금의 천하태평성세도 물을 잘 다스렸기 때문에 가능했다. 그러나 아무리 요순 황제라 하더라도 이제 치산치수는 그야말로 오리무중의 미스터리가 되고 말았다. 예전과 같이 비가 오지 않는다. 전혀 예상하지도 못하는 국지성 폭우가 단시간 안에 퍼붓는 일이 잦아지기 때문에 예측하기가 힘들다. 두렵다. 수해로 인해서 지하차도에서 참변이 일어나고 이로 인한 후폭풍이 거세지고, 책임 소재도 더욱 복잡해졌다. 목숨을 잃은 사람들의 가족들은 천재지변이 아닌,

인재라고 울부짖는다.

그러나 불행하게도 우리나라는 지금까지 그 어떤 재해에서도, 고위 공직자나 최종 책임자가 형사처벌을 받은 예가 없다. 이 일이 우리 국민에게 불행한 이유는, 끊임없이 반복되고 해마다 더 커지는 재해의 규모를 책임질 사람이 없다는 것에 있다. 자연재해니 어쩔 수 없다고 한다면 말 그대로 도대체 국가는 무엇 때문에 존재하는 것인가? 각자도생할 수밖에 없는 나라는 이미 정상적인 국가가 아니다. 국민은 어떤 천재지변이나 사고에서도 보호받을 권리가 있다. 국가가 나 몰라라 한다면 국민은 무엇으로 나라에 대한 믿음을 가지고 국가를 위해서 희생할 마음을 가질 것인가? 이제 지구별이 극한에 이르는 재해는 일상이 되었다. 내가 지금 안전하다고 해서 내일도 안전하다고 아무도 보장할 수 없다. 해외 토픽에서의 무시무시한 재해들이 우리나라에도 이제 일어나고 있음을 모두 뼈저리게 각인해야만 한다. 정부나 개인이나 안전을 위해 최선의 방책을 찾아내야만 하는 것이다.

지구는, 대지는 지금 울부짖고 있다. 더 이상 견디지 못한다고 비명을 지르고, 그 아픔의 발현이 인간에게 끔찍한 재앙으로 표출되고 있다. 수해로 인해 산이 무너져 그 토사물이 물과 함께 마을을 덮친, 괴산의 어느 마을에 사는 할머니는 산의 울음소리를 들었다고 했다. 할머니의 할머니, 또 윗 대의 할머니가 전해준 산의 울음소리는 웅웅...

그렇게 우는소리를 밤새 들으면서 물이 가득 찬 산이 더 이상 견디지를 못하는구나... 생각하고 있었는데 순식간에 일을 당했다고 했다. 백 년 내에 일어나지 않았던 일이 일어난 것이다. 그렇다면 예전 조선시대나 일제 강점기에 오늘과 같은 일이 일어난 적이 있었을까? 그때에도 수해라는 재난이 있었고 산사태가 나는 일이 있기는 했으나, 오랜 장마나 태풍이라는 재해로 인한 것이었다.

충분히 예상할 수 있었고, 더 이상 견딜 수 없어진 산의 울음소리를 들을 수 있는 지혜를 가졌던 조상들은 미리 몸을 피해서 최악의 참사는 면할 수 있었다. 적어도 지금처럼 몸만 빠져나오기에도 급박한 일은 당하지 않았었다. 옛사람들은 적어도 산과 바다, 바람과 비가 전하는 언어를 들을 줄 알았고 거기에 순응했다. 순응할 수 있는 시간이 주어졌기 때문이다. 그러나 현대엔 그 모든 것을 과학이 대신해 주고, 그것으로 인해 재난경보를 모두 믿고 따르다가 이런 지경을 당했다. 정작 재난을 경보하는 사람들도 어떻게 해야 할지에 대한 매뉴얼이 없는 것이다. 초유의 사태가 해마다 일어나기 때문에 이미 준비했던 것들이 그다지 도움이 되지 못하고 있다. 재해를 대함에 있어 우리나라가 다른 선진국들과 확연히 다른 점이 있다. 우리나라는 재해 복구에 엄청난 돈을 쓰는 데 반해, 다른 나라들은 예방에 더 많은 돈을 쓴다는 것이다.

그러나 우리가 겪다시피, 그 어떤 것이라도 사고를 당한 사람들에겐 큰 도움이 되지 못한다. 재해의 유형이 상상 초월의 규모와 형태로 우리를 덮치기 때문이다. 이제 인류는 자연이, 지구별이 어떤 형태로 신음하고 비명을 지르는지 짐작도 못 한 채로 당하게 되었다. 억울한가? 지금 재해의 고통으로 신음하는 사람들은 다름 아닌 우리의 모습이다. 오늘 내가 안전하다고 가슴을 쓸어내릴 필요가 없다. 다음 차례는 누구일지 아무도 짐작도 할 수 없다. 이 나라에서 제일 화려하고 비싼 지역인 강남 일대가 수해를 당해 죽는 사람이 생길 줄 아무도 짐작 못 했었다. 이제 해마다 짐작조차 못 한 재해가 덮칠 것이고 인간들은 속수무책으로 당하게 되어 있다. 하늘이 너무하다고 말하지 말라. 인간들이 그악스럽게 써재끼고 핏줄까지 뜯어먹은 지구의 비명을 그치게 할 방도를 찾아야만 한다. 인간만이 그것을 할 수 있다.

01:06

바다엔 이제 무엇이 남아있나

어렸을 때 오징어를 참 좋아해서 많이 먹었는데 생물보다 말린 것을 좋아했다.

마른오징어는 시장의 건어물점마다 넘치게 있었고 그 크기는 매우 컸다. 요즘 비싸게 팔리는 손바닥만 한 오징어는 아예 없었다. 그런 작은 것으로는 아예 말리지도 않았고, 파찌난 것을 쫄쫄이 오징어로 말렸는데 맛은 더 있었다.

그 시절은 동네마다 함잡이의 목소리가 쩌렁쩌렁 울리던 때였는데, 함잡이의 얼굴을 가린 것은 오징어 한 마리였다. 마른오징어 한 마리가 남자의 큰 얼굴을 가릴 만큼 되었다. 마른오징어도 그 살밥이 두툼해서 잘게 찢어 먹는 맛이 참

별미였다. 오징어 특유의 냄새와 맛은, 굽는 불맛과 어울려 한국인이면 싫어하는 사람이 거의 없다. 독일 유학 중이던 학생이 오징어가 너무 먹고 싶어서 방에서 몰래 구워 먹었는데 난리가 났단다. 누가 시체를 태운다고 신고가 들어가서, 경찰들이 출동했다는 이 에피소드는 냄새를 맡는 후각이 서로 많이 다름을 말해 준다. 태어날 때부터 먹어 온 맛의 다름인 것이다.

주문진항에 몇 번 갔었는데 오징어 파시에 걸리면 대단했었다. 만 원이면 갓 잡은 싱싱한 오징어를 한 박스 살 수 있었는데 덤을 몇 마리씩이나 더 주었다.

그 오징어의 크기는 어른 팔뚝만 한 것도 많았고 작은 것들은 바다에 던지기도 하고 팔지 않았다. 그런데 그 작은 오징어들이 지금 판매되고 있다. 큰 오징어는 아예 없고 지금 전국에서 판매되는 오징어는 작은 오징어들뿐이다. 한 마리 쪄 놓으면 큰 접시에 가득하던 오징어들은 대체 어디로 다 갔을까? 현재 총알오징어, 초코오징어라고 하면서 판매하는 오징어들은 실은 새끼를 겨우 벗어난 오징어들이다. 사람으로 치면 청소년기도 벗어나지 않은 것들이란 말이다.

큰 오징어가 잡히지 않기에 절대 잡지 않아야 할 새끼 오징어까지 마구 잡아서 판매되는 이 현실에, 오징어잡이와 아무 관계없는 내가 무엇을 걱정하는 것일까? 우리 바다에 해양 생물이 급속도로 사라지고 있다는 것은 이미 널리 알려진 사실이다. 명태, 조기, 고등어, 이젠 오징어까지, 내가 무지해서 잘 모르지만 날마다 사라지는 해양 생물의 종류가 몇 종류인지 전문가도 모른단다. 우리가 알 수 없는 종이, 소리 없이 멸종되어 가고 있는 것이다. 바다는 비어 가고, 그 빈 곳을 채우는 것은 인간이 버린 쓰레기가 유령처럼 부유하며 떠돌고 있다. 이미 우리 식탁에 오르는 수산물의 90% 이상이 수입품과 양식 어류들이다. 어패류들도 마찬가지인데, 티브이에서 먹방을 보면 마음이 꼬일 때가 있다. 모든 방송이 미친 듯이 먹방을 하고 있고 맛의 예언자처럼 된 어떤 사람을, 대통령 후보로 거론하는 기막힌 일까지 벌어지는 우리나라는 과연 정상적인 나라인가?

먹는 것은 정말 중요하다. 먹지 못하면 죽고 말기에 살아있는 모든 것은, 먹거리를 존중해야 한다. 먹거리가 존중되지 못하고 함부로 취급될 때, 앞으로 우리 후손들은 무엇을 먹게 될지 상상도 하기 싫다. 사람이 한 끼니에 먹을 수 있는 음식의 양이 있는데, 몇 배를 먹는 것이 자랑이 되는 것은 결코 옳은 일이 아니다. 가지가지 먹방들로 인해 누가 가장 이득을 얻게 되는지는 몰라도, 콘텐츠를 만드는 사람들은 한 번쯤은 생각해 봐야 한다. 토악질하도록 많이 먹는 것은 죄악이 아닐 수 없으며 채 먹지 못해, 그대로 쓰레기로 만드는 것은 너무나 끔찍한 잘못이다. 바다가 비어 가는 것이 먹방의 잘못이랄 수는 없으나 연관이 전혀 없다고는 못 하겠다.

지금 바다에서 건져내는 저 작은 오징어들도 곧 사라질 것이다. 바닷속을 훑어 내듯이 긁어내어, 새끼 오징어들을 우리의 식탁으로 올리는 것에 아무런 느낌이 없다면 이 세대가 사라지기 전에 우리는 비어버린 바다를 보게 될 것이다. 명태가 사라져 노가리가 없어지나 했더니, 대구 새끼를 무제한 잡아 말려서 앵치노가리라고 전국에서 팔고 있다.

어찌 인간의 먹성이 이토록 잔인한가? 성어가 되기도 전에 아귀같이 긁어내는 인간의 손길을 멈추지 않는다면, 바닷속에 살아남을 생물은 없다. 인간이 무슨 권리로 생물의 종들을 먹어 치우는 것으로 멸종시킨단 말인가?

많이 먹고, 기이하게 먹고, 전투적으로 먹는 먹방이 아니라 먹거리 하나하나에 대한 소중함과 감사가 있는 먹방을 만들 수는 없는 것일까? 우리는 책임 없다고 말해서는 안 된다. 우리 모두 책임을 지는 연대 의식으로 지금 내가 무엇을 먹나를 돌아보아야 한다. 지금 우리들의 폭식으로, 우리의 후대가 책임질 일을 만들어서야 되겠는가?

01:07
물 우리의 생명

　운이 좋게 우리나라에 들어왔으나 난민의 지위를 받지 못한 채로 어렵게 살아가는 가족의 집에 방문한 적이 있다. 어른 둘과 아이 둘이 살기엔 매우 옹색한 집이었고 부족한 것이 많았으나, 그들은 열심히 살아가면서 표정이 너무 밝았다. 특히 두 아이가 얼마나 밝고 환하게 웃으며 즐거워하는지 이해가 안 될 지경이었다. 두 아이는 한국어를 많이 배웠고 소통에 불편이 없었다. 행복하다고 했다. 오직 소원은, 난민의 지위를 받아 여기서 쫓겨 나가지 않고 살아가는 것이었다. 특히 두 아이의 엄마인 루리나는 너무나 간절하게, 자신의 아이들이 이 한국에서 살기를 바라고 있었다. 그들의 생활은 우리들의 눈으로 볼 때 최빈민층의 삶이었는데 그들은 아니었다. 모든 것이 너무 좋단다. 너무 좋아서 자신의 두 아이는 한국에서 영원히 살게 되기를 매일매일 알라신에게 기도하고 있었다. 루리나가 그토록 한국이 좋은 가장 큰 이유가 물이었다. 한국에 온 지 이 년이 지났는데도, 그녀는 수도꼭지만 틀면 펑펑 쏟아지는 물이 신기하고 너무 좋단다. 변기를 사용하고 흘려보내는 물이 너무 아까워서, 식구들은 작은 일을 보고 몇 번이나 지난 후 물을 내리는 것을 철칙으로 지키고 있었다.

그녀의 물을 아끼는 방법은 탄복할 지경이었다. 한 양푼이의 물로 설거지하는 기술은 예술의 경지였다. 그렇게 하지 않아도 된다고 다른 이는 말했으나 나는 그럴 수가 없었다. 루리나의 고향 아프리카의 물 부족의 고통을 나는 그나마 알기 때문이었다. 주방의 냉장고도 작은 것이었는데, 루리나는 생수병으로 거의 채운 냉장고를 너무 사랑했다.

물이 가장 좋고 냉장고에 가득 들어있는 물이 너무나 맛있다고 했다. 그러나 그 물은 우리들이 절대로 마시지 않는 수돗물이었다. 그 물을 생명수 보듯 소중히 여기는 루리나의 모습이 예사롭지 않았다. 빈 생수병에 수돗물을 그대로 받아 냉장고에 넣고, 그 물 한 모금을 소중하고 감사하게 마시는 루리나의 모습이 곧 닥칠 미래의 우리 모습일지도 모른다. 그 어떤 간식보다 냉장고의 수돗물을 제일 좋아하고 잘 마시는 루리나의 아이들이 바로 내일의 우리 아이들의 미래다. 절대 그럴 리가 없다고 말할 수 없기에, 나는 루리나가 내미는 차가운 수돗물 한 잔을 겸허한 마음으로 마신다. 깨끗하고 시원한 물 한 잔에 온 마음으로 감사하는 루리나의 모습이 어쩌면 인류의 미래일 것이다.

전 세계 인구는 2022년에 이미 80억이 넘었고, 그중 마음 놓고 물을 펑펑 쓸 수 있는 사람들이 35%. 아끼면서 그런대로 깨끗한 물의 혜택을 받고 살아가는 사람들이 40%, 나머지 20억 명이 넘는 사람들은 식수조차도 흙탕물에서 구하고 있다. 한 동이의 물을 구하기 위해 불볕 아래서 수십 리를 걸어가지만, 두 손으로 움켜쥐는 물은 누런 흙물이다. 설마...라고 고개를 젓는 사람들이 많기에 인류의 물 부족 사태는 이제 가파르게 언덕을 굴러 떨어져 가속화가 되고 있다. 어느 곳에서는 나중, 먼 훗날이라고 말할 수 있지만 그 어느 곳의 물이 내일 사라질 수 있는 것이 현재 지구별이 처하고 있는 위기인 것이다. 지구 온실화로 인한 기상 이변이 물 부족에 박차를 가하고 있고 물이 사라지기도 하겠지만, 가장 큰 문제는 마실 수 없는 물이 지구를 채워가고 있는 것이다. 우리의 금수강산의 개울이나 강물이 마실 수 없는 물이 된 것은 이미 오래전이다.

인간이 만들어내는 것들이 폐기되어 지구의 가장 청정한 곳인 바다에 잠겨 썩어가고 있다. 어차피 바닷물은 마실 수 없는데 무슨 상관이냐고 말할 것인가? 모든 담수는 바다로 흘러가고 그 물이 기체화되어 하늘로 가서 비가 되어 다시 인간을 살리는 담수가 된다. 그 정교한 시스템이 무너지고 있는 것이다.

담수를 구할 수 없는 곳에서는 바닷물을 정수해서 사용하는데, 방사능은 걸러내지 못 한다고 한다. 자연은 이 일에 조금도 관련되지 않았다. 인간이 무엇을 하든지 자연은 그대로 당해주었고, 그대로 되돌려주는 순환을 할 뿐이다. 수인성 질병에 고통받고 있는 일부 인류의 문제는, 이제 전 인류의 문제가 될 것이다. 깨끗한 물만 마셔도 사람은 생명을 유지할 수 있다. 물은 바로 생명이다. 우리의 몸을 흐르는 것도 물이며, 지구별의 70%를 이루는 바다도 물이다. 지구는 물의 별이다. 그런데… 바다가 인간들의 잔혹한 패악질로 인해 가장 먼저 변질되어 가고 있다.

깨끗한 물을 마시지 못해 매일 죽어가는 아이들이 1,500여 명에 이르고 있다. 그것도 5, 6세 이전에 말이다. 모든 동물 가운데 전 생애를 통해, 깨끗한 물이 필요한 유일한 동물이 인류라는 종이다. 살아가면서 필요한 모든 것에 물을 쓰고 그 대가로 폐수를 만들어내어 자연에 버리는 유일한 종, 또한 인류이다. 그런 데도 현재의 우리들은 물 부족 사태를 먼 산의 불 정도로 보고 있다. 먼 산의 불이 곧 내 밭과 집을 태울 것을 자각하지 못한다면 인류에게 행복한 미래는 없다. 넘실거리는 저 바다의 파도가 가장 강렬한 독이 되어 인류의 삶을 뿌리째 흔들 것이 예견되어 있는데도 우리들은 무엇을 하고 있는가? 루리나의 어린 딸은 한 잔의 물을 다 마시지 못하면, 남은 물을 화초에 준다. 이제 일곱 살이 된 어린

소녀는 물이 얼마나 귀한 것인지를 체험으로 알고 있기 때문이다. 그토록 어릴 때의 물의 기억이 그 작은 아이의 기억에 평생 동안 아로새겨져 있을 것이다.

    물은... 생명이다.

01:08
인류가 지금 지켜내지 못한다면

　인류가 개척하지 못한 마지막 땅이 있는데 그곳은 콩고 열대림이라고 한다. 끝을 알 수 없는 거대한 숲에서 자연 그대로의 모습으로 살아가는 사람들이 있다. '숲의 유목민'이라고 불리는 바아카족이다. 바아카족은 고대 원시 그대로의 삶을 지금도 영위하며 살아가고 있다. 그런데 동토의 땅에서 극지에 이르기까지 거침없이 개발하는 인간들이 왜 이 정글은 침범하지 못하는 것일까? 인류의 최악 질병, 에볼라와 에이즈를 비롯한 알 수 없는 바이러스가 숲 가득 존재하기 때문이다. 존재한다는 것은 원래의 것이었고 그 원래의 것이 인간에게 해로운지, 이로운지를 판단할 필요가 없었다. 이 숲에 살아가는 모든 존재들, 이 숲에서 태어나는 원주민들에게는 이런 질병들이 그냥 함께 공존하는 공기나 다름없다. 설령 이 질병으로 죽음을 맞이하더라도 그들에게는 그것이 순리이기 때문에 당연할 뿐이다.

　인간들은 언제나 그랬지만 이 숲을 벌목하고 개발이라는 명목으로 다 밀어내고 싶겠지만, 아이러니하게도 바이러스가 이 숲의 모든 것을 지켜주고 있는 셈이다. 에볼라는 감염되면 급성 열성 감염을 일으키는데 전신성 출혈로 진행되고, 치사율이 60% 이상이 되는 치명적인 질병으로 자리매김하고 있다. 2014년 3월에 기니에서 집단 발병해서 만여 명 이상이 사망한 것으로 확인된 예가 있다. 에이즈는 지금은 치유가 가능해졌으나 얼마 전만 해도 반드시 죽음에 이르는 무서운 병이었다. 에볼라든지 에이즈든지 인간의 치열한 연구 발전으로 언젠가 극복이 되겠지만 그렇게 되었을 때의 아프리카는 무엇이 달라질까? 어쩌면 인류 최후의 산림으로 남아 있어야 하는 열대림이 완전히 사라질지도 모른다. 그것이 우리와 무슨 상관이 있느냐고 말한다면 그대는 차라리 침묵하는 편이 낫다.

　우리가 예전에 알고 있는 아마존 유역도 이미 몇십 년 사이에 엄청나게 달라졌다. 지구의 허파라고 불리던 아마존은 이젠 없다. 얼마나 아마존강 주변의 우림들을 파괴해 대는지 그곳의 원주민들이 토지 연고권을 주장하는 재판을 수년간 이어갔을 정도다. 2023년 9월 21일, 브라질 대법원 앞은 수천의 아마존 원주민들이 조상 전래의 복색으로 모여 울부짖으며 '조상의 노래를 불렀다.

　브라질 대법원이 드디어 원주민들의 토지 연고권을 인정하는 판결을 내렸기 때문이었다. 브라질 연방 대법원이 아마존에서 살아가는 원주민들의 폭넓은 토지 연고권을 인정하는 이 역사적 판결은, 무지막지한 인간들의 개발에 제동을 걸 것이다. 원주민들은 조상들의 영혼이 아마존을 지켰다고 환호하고 춤추고 노래 불렀다.

　이 판결이 특별한 것은 아마존을 그대로 지켜내는 것의 중요성이 인지되었기 때문이라고 볼 수 있다. 개발업자들이 그토록 참혹하게 아마존을 훼손할 수 있었던 것은 브라질 헌법 231조 항에 기인했다.

　"원주민들의 관습, 조직, 언어와 신념, 모든 전통적인 행위와 지켜온 땅에 대한 권리를 인정한다."라는 이 조항은 얼핏 원주민들의 땅과 모든 것을 보호하는 것처럼 보인다. 그러나 치명적인 약점이 있었으니, 이 헌법이 공포된 1988년 10월 5일 이후의 원주민들이 점유하고 있는 영토에만 적용된다고 개발업자들이 주장하고 마구 침탈이 이루어졌다. 그 고통스러운 분쟁의 시간을 거쳐서 원주민들의 원래의 권리가 인정되었으니 역사적 판결이라고 할 수 있다. 개발업자들은 지구의 허파이고 숨통인 아마존의 우림을 없애고 대체 무슨 짓들을 하는 것일까?

아마존의 열대 밀림은 이산화탄소를 흡수하고 산소를 배출한다. 한때 지구별의 산소 30%를 아마존이 생성한다고 우리는 배웠다. 그런 밀림을 없애고 개발업자들은 광산 개발과 목재산업, 목축업을 위한 농경지로 만들었다. 아마존에서 자란 나무들은 무참하게 잘려서 목재로 만들어져 팔렸고 팜유를 생산하는 야자나무숲으로 변신하는 곳들도 무수히 많다. 이런 난개발의 후유증은 엄청나다. 밀림이 사라지면서 토사가 발생하고, 토사는 강으로 밀려 들어와서 아마존강의 생태계가 가속도로 파괴되고 있다. 아마존 우림에서 자생하는 나무는 약 3,900억 그루, 16,000여 종으로 추산하고 있다. 그 외 수많은 동식물의 삶의 터전이며 인류 생태계의 최후 보루라고 말할 수 있다. 한강토에서 살아가는 우리와 상관이 없다고 생각하는가?

01:09
지금 멈추고 변화하지 않는다면

　지구의 오랜 역사 속에서 적어도 다섯 번의 대량 멸종이 있었다고 한다. 거의 화산 폭발이나 지진, 또는 빙하기 때문이라고 하는데 만약 이 세기나, 이 세기 이후에 대량 멸종이 온다면 그것은 순전히 인간 때문에 일어나는 것이라는 내용을 어느 다큐에서 보고 깊이 공감할 수밖에 없었다. 생태계를 무한 파괴하고, 고유의 서식지를 거침없이 침범하는 인간의 잔혹한 발걸음은 전 세계 어디에서나 그 비참한 자취를 남기고 있다. 에베레스트의 정상에서조차 비닐이며 페트병이 쌓여 있고, 바닷가의 해안마다 밀려오는 쓰레기들이 이미 하나의 풍경을 만든 지 오래다. 바다의 생물들은 이미 2/3가 사라졌고, 수많은 물고기가 씨도 안 남기고 잡혀서 날마다 멸종되고 있다. 매일매일 오대양의 바다에서

저인망으로 씨알까지 긁어 어지간한 바닷속은 황폐한 사막이다.

　대지는 멀쩡한가? 급속도로 사막화되고 있고 빙하는 녹아내려, 지구온난화는 상상치도 못한 기후 변화를 일으키고 있다. 그런데도 지구의 유일무이한 폭약, 제1종인 인간만이 유유자적이다. 어떤 일이 아주 천천히 서서히 진행되다가 작은 무엇으로 한순간에 폭발하는 것을 티핑 포인트라고 하는데, 지금 전 세계의 모든 곳에 그 현상이 나타나는 것을 인간들은 모르는 체하고 있다. 지금까지 그래왔던 것처럼, 그냥 그렇게 무사히 지나갈 것이라고 여기고 있다. 여기저기서 태풍이나 산사태와 지진이 일어나더라도 그것은 남의 일이고, 나와 내 주변은 평온하리라 믿는다. 이 어처구니없는 낙천적인 생각과 태도는 무의식 중에 멸종을 앞당기고 있다. 바로 인간이라는 종족의 멸종은 외계생물의 우주 침공이나 지구의 어떤 생명체가 인류를 멸망시키는 공상 과학 소설 안에서나 가능하다고 생각하던 시기가 있었다.

　하지만 인간은 다만 스스로 멸종할 뿐이다. 다섯 번의 대량 멸종을 일으킨 그 어떤 자연체도, 인간이 이 지구의 유일한 지배 종족이 되는 것을 막지 못했다. 그 이유는 여러 가지지만 가장 큰 이유는, 자연의 자원과 순환이 조화롭게 이루어졌기 때문이다. 대량 멸종을 일으킨 자연이 역설적이게도, 인간이 이 세계의 지배자가 되도록 도와주었다는 말이다. 그러나 지구의 시간이 흐를수록 발전과 개량이라는 미명은, 인간의 삶의 방식을 완전히 바꾸어 놓았다. 인류는 무한 발전과 진화를 거듭했고, 향상된 삶의 질은 놀랍게도 인류의 멸종을 향해 굴러가면서 가속도를 더해 간다. 21세기가 되었고, 인류는 이 세기가 지나고 무사히 22세기를 맞이할 수 있을까? 지금과 같은, 자원의 무계획한 낭비가 거듭되고, 생산을 뛰어넘는 쓰레기가 어딘가에 쉴 새 없이 쌓이는 이상, 인류가 존립할 수 있는 가능성은 매일 줄어들고 있다.

온실가스는 대기를 점점 메우고 있고, 대지의 지하는 순환되지 못한 부조화로 신음하면서 고통스러워한다. 내가 지금 버리는 플라스틱병 하나는, 수십억 인구가 똑같이 어딘가에 버리고 있다. 지구별이 무사하고 인류가 언제까지 살아남으리라고 낙관하는 자체가 이상하지 않은가? 이런 걱정을 하는 세대는 우리가 처음일 것이다. 바로 반세기 전만 해도, 쓰레기나 환경에 대해 걱정하지 않았다. 쓰레기는 거의 나오지 않았고, 인간이 배출하는 모든 버리는 것들은 재활용이 되고 빈민들의 삶에 도움을 주었다. 부자들은 가급적 많이 버리고, 음식물조차도 버려야만 그나마 빈민들이 얻어먹고 살 수 있었다. 부자들의 낭비와 버림은 오히려 미덕이었고 자선이었다. 그러나 지금은 아무리 가난한 사람이라도 버리면서 산다. 필연적으로 버려야 할 것들이 매일매일 너무나 많다.

우리나라는 얼마 전까지 쓰레기를 몇 나라에 수출했다. 그 나라에서 쓰레기를 분류해서 쓸만한 것을 찾아낼 수 있었기 때문이다. 그러나 지금은 전면 금지되었고, 항구마다 쓰레기로 가득 찬 컨테이너들이 방치되어 있다는 것은 알 만한 사람들은 다 알고 있다. 지금도 전 세계에서 쓰레기 섬, 쓰레기 산에서 살아가는 사람들이 수억 명이라고 한다. 인류는 이런 것들을 그냥 받아들이고 체념한 것일까? 어쩔 수 없는 일이라고 고개를 젓는 그 순간, 인간은 멸종을 향해 나아간다. 신이 절대로 하지 않는 것이 있는데 판단이라고 한다. 신은 판단하지 않고 택할 뿐이며, 그 택함의 손길이 닿는 것이 은혜와 기적이다. 인류가 지금과 같은 삶의 방식을 바꾸지 않는다면 안타깝게도 신의 택함은 없다.

01:10

빙하가 사라지면 해수면은 상승한다

　대부분의 사람은 빙하에 대해 무엇을 알고 있을까? 북극이나 남극에 있는 쓸모없는 얼음덩어리... 그 정도가 맞지 않을까 싶다. 솔직하게 말하자면 환경과 기후에 관해 공부하기 전까지는 나도 빙하에 관심을 가져 본 적이 없다. 어쩌다 티브이에서 북극과 북극곰의 모습을 볼 때 저런 데서 어떻게 먹이를 구하고 살아가나... 잠깐 생각했을 정도였다. 그러나 환경을 공부하면서 경악할 정도로 놀라게 되었는데, 무엇보다 이 지구별의 그 어떤 것도 쓸모없는 것은 없다는 사실이었다. 사막조차도 그 자리에 있어야 했고 바람과 태양과 별과 달, 모든 종의 생사까지도 지구별의 유기성을 유지하는 자원이었다. 그래서 지구는 존속할 수 있었던 것이다. 지구라는 땅덩어리가 이토록 많은 종으로 이루어진 생명체의 집합체가 된 것에 단 하나의 우연은 없다.

　모든 것은 꼭 있어야 하고, 있음으로 생성된 필연이었다. 그중에 빙하가 있다. 빙하는 천천히 움직이는 거대한 얼음덩어리인데, 내리는 눈이 중력과 압력에 의해 오랜 기간 생성된 것이다. 민물을 담고 있는 가장 큰 영역이라고 할 수 있으며, 지구에 있는 모든 물이 있는 바다 다음으로 많은 물이라고 할 수 있겠다. 결빙된 상태를 유지해야 하기에 지구의 모든 극권에 존재하지만, 열대 지방에도 가장 높은 산봉우리가 빙하로 덮여 있는 것도 있다. 언제나 얼어있는 것이 아니라 기후에 따라 동결과 융해를 되풀이하기에, 상태에 따라서 빙하가 언제나 같은 모습인 것은 없다. 빙하의 얼음은 눈과 설측 사이에서 압력으로 인해 완전한 얼음으로 바뀌며, 그 외의 것은 네베라고 부르는 눈으로 형성된다.

　얼음은 긴 시간이 흐르면 한층 더 압력을 받아 돌보다도 단단한 형질의 강빙이 된다. 대부분의 빙하는 이런 형질로 이루어져서 우리 눈엔 영구한 만년설의 모습으로 보이는 것이다. 온도의 변화에 의해, 수 세기에 걸쳐 형성된 빙하에서 떨어져 나간 얼음 조각들은 유빙이 되며, 거대한 유빙군이 형성되어야 북극곰이 좀 더 쉽게 먹이를 구할 수가 있다. 왜냐하면 유빙은 바다 동물들이 올라와 쉬고 거처하는 장소가 되어주기 때문이다. 우리가 빙산이라고 부르는 것들은 바다에서 최소 5m 이상의 높이가 되는 것을 말하고 그 외엔 유빙이라고 한다. 우리가 흔히 말하듯이 빙산의 일각이라고 하는 것처럼 보이는 빙산은, 극히 일부분이며 바다에 얼마나 잠겨 있는지는 아무도 모른다.

타이타닉의 침몰도 이 빙산을 피하지 못한 까닭이었다. 그러면 빙산이나 유빙이 유지되고 존재해야 하는 이유는 무엇일까? 세상의 대부분 현상이나 이치가 그렇지만, 바다는 우리가 보는 것이 전부가 아니다. 모든 생명체가 바다가 고향이었다는 것이 정석이고, 우리가 아는 바다는 일부에 지나지 않는다. 지구는 땅으로 이루어져 있으나 더 정확하게 말하자면 물로 이루어진 별이다. 지면이 있듯이 해수면이 있는데, 기후 변화의 유동성에 의해 해수면은 늘 달라진다. 그런 해수면이 우리에게 큰 이슈로 다가오는 것은, 기후변화로 인한 해수면의 상승 때문이다. 기후 위기가 아니더라도 열대성 기류라든지 파랑이나 조수 간만의 변화로 인한 상승으로 해안가 마을들이 종종 피해를 보았다. 그러나 심각한 기후 위기로 인한 해수면의 상승은 이미 해안에 면해 있는 나라들의 존립조차 위협하고 있다.

땅이 바닷속으로 잠기며 기후 난민들이 발생하고, 그 책임과 부담을 전 인류가 나누어야 하는 대재앙은 이미 시작되었다. 온실가스의 발생으로 인한 고온 현상이 빙하를 빠른 속도로 녹이는 것이, 현재 해수면 상승의 가장 큰 원인이다. 극지방의 하얀 빙하는 태양열을 분산시키는 반사판의 역할을 하는데, 그 기능이 소멸하여 가는 것이 해수면 상승의 치명적인 원인으로 자리 잡았다. 빙하가 녹은 물이 바다로 그대로 유입되며 수면이 높아지고 생태계를 교란시킨다. 전 세계 인구의 40% 이상이 해변에 사는 것을 생각해 보면 해수면의 상승이 일으키는 재앙은 끔찍하다. 우리는 무엇으로 이 재앙을 막고 인류의 미래를 보전할 것인가?

01:11
사람들이 사는 곳 내가 사는 곳

　이 지구별에서 극지 외에 사람이 거주하는 곳 가운데 가장 추운 곳이 어디일까? 공식적으로 러시아 사하라고 하는데, 초가을부터 영하 30도는 보통이고 한겨울엔 40~50도까지 내려가는, 강추위가 9개월이나 계속되는 곳이다. 레나강을 중심으로 야쿠츠족이 주를 이루어 살아가는데, 숲과 하늘과 강을 숭배한다. 사람보다도 자연을 의지하고 숭배하며 살았기에 지금까지도 흩어지지 않고 살아갈 수 있다고 한다. 어쩌면 인간에게 너무 가혹하다 할 수 있는 자연을 도리어 믿고 의지하고 삶을 이어왔다는 사실이 경이롭다. 그런데 이곳보다 더 추운 곳에서 사람들이 마을을 이루어 살아가는 곳이 있다. 사하에서 1,000km 이상, 떨어진 거리에 있는 곳인데 너무나 추워서 대중교통이 아예 없다고 한다. 음식과 물과 연료를 차에 가득 싣고 무조건 달려야만 살아서 도착할 수 있다. 잠시 멈추고 지체하면 얼어붙기 때문에, 말하자면 목숨을 걸고 달려야 한다.

오이먀콘이라는 곳인데 영하 60도로 내려가는 일이 자주 있다고 한다. 사람이 살고 있는 곳으로는 가장 추운 곳이라는 정평이 나 있다. 스탈린 시대에 만들어진 홀리마 대로를 달려야 하는데, 이 길을 건설하던 죄수와 인부들은 추위와 굶주림으로 수만 명이 목숨을 잃었다. 매일매일 죽어 나가는 시체들이 도로를 메꿀 지경이었다. 그리고 실제로 그렇게 했다. 시체들을 따로 매장한 것이 아니라 길 속에 그대로 묻어서 홀리마대로는 '뼈의 길, 시신의 길'이라고 불린다. 평균 온도가 영하 50도인 이 무서운 동토의 땅에 왜 사람들이 살아갈까? 이 사하 공화국은, 얼어붙은 대지가 러시아 영토의 1/5이나 된다고 하니 가히 겨울 왕국이다. 천연자원과 숲과 강이 아니라면 이곳의 가치는 아마 없었을지도 모른다. 어떤 혹독한 자연이라 할지라도 존재한다면, 본연의 모습으로 건강하게 존재만 한다면 이롭지 않은 자연이란 없다.

옛날 러시아에서는 중형을 지은 범법자를 이곳으로 보내었고, 공산주의 시대에도 시베리아로 보내는 것으로 이어졌다. 오이먀콘의 추위는 1926년에 영하 71도를 기록했다고 하니, 생각만 해도 오싹해진다. 처음 이곳을 소개하는 프로를 봤을 때는 놀라움을 지나 경이로울 지경이었고 무서움까지 느꼈다. 저 엄청난 극지에서 어떻게 살아갈 수 있을까? 뜻밖에도 오이먀콘의 뜻은, 얼지 않은 따뜻한 물이라고 하는데 얼지 않는 강과 온천과 추위에 강한 야쿠츠 말이 있어 살아갈 수 있는 곳이다. 모든 것이 얼어 있어 24시간 불을 때고, 그 불에 녹이고 굽고 끓여야 만 살 수 있는 이곳에 살면서도 사람들은 그저 웃는다. 주민 수는 현재 약 300명인데 서로 도와 가면서 완벽한 공동체를 이루는 모습이 정말 아름다웠다. 나는 저곳에 가서 살 수 있을까?

터키 괴레메 메르하바에는 동굴을 파서 살고 있는 사람들이 있다. 거대한 암벽 안을 개미굴을 뚫듯이 뚫어 만든 교회와 수도원이, 예전에는 천여 개에 이르렀는데 아직도 사람들이 살면서 자기들만의 전통을 지키고 있다. 어떻게 암석을 뚫고 집을 지어 살 생각을 했을까?

에르키예스산에서 분출된 응회암, 즉 화산재가 굳어 암석이 된 곳은 다른 곳보다 뚫기가 용이했을 것이다. 외부인이 거의 찾지 않는 카파도키아의 외딴곳에 은둔자와 박해를 피하고자 하는 사람들이 찾아들어, 오랜 기간 기이하고 신비로운 암석 마을을 만들었다. 이곳에 아직도 훌륭하게 보존된 몇몇 교회들은 너무나 아름답다고 하는데, 나는 가보고 싶은 곳의 하나로 예전부터 생각하고 있었다. 그러나 살고 싶지는 않다. 높고 깊은 산속에서도 사람들은 살아가는데, 중국의 소수민족 중의 대부분은 수천 년 동안 그렇게 살아가고 있다. 고차수에서 찻잎을 채취하며,

다랑논을 경작하며 아직도 선조들과 같은 모습으로 살아간다. 그 모습들을 구경하는 것은 좋다. 그러나 그곳에서 살고 싶지는 않다.

사람들은 물 위에서도 살고 밀림에서도 살고 사막에서도 산다. 다른 이들이 보기엔 도저히 못 살 것 같은데 대대손손 살아간다. 왜 그렇게 살아가느냐고 물으면 선조들이 그렇게 살아왔고, 선조의 땅이며, 전통이라고 당연한 듯이 말한다. 우리도 이 한강토에서 갖은 고난을 겪으며 살아왔지만 우리의 후손들은 이 땅을 지키면서 전통을 이어갈 수 있을까? 이미 많은 것들이 사라져 간 이 땅에서 말이다. 그럼에도 우리들도, 우리의 후예들도 부디 이 한강토에서 잘 살아가기를 간절히 바란다. 이 땅은 우리의 선조들이 그렇게도 머물고자 했던 땅이며 바로 우리 자신이기 때문이다. 저 먼, 다른 곳으로 건너갈 때 육신이 사위어져서 한 줌의 재가 되어 이 땅의 깊은 곳에 스며들기를 간절히 바란다. 그리하여 한강토와 하나가 되어 이윽고 이 땅의 흙 한 줌이 되는 것. 그런 마음이 이룬 국토이기에 우리는 이 국토의 역사를 알고 지키고, 바르게 생각하는 것이 얼마나 중요한지를 안다.

문명은 발상지가 있고 문명이 되면서 문화가 생기게 되는데, 그때 생겨나고 점차 굳어지는 문화는 그 땅의 고유한 풍습과 생활과 정신의 모든 표현이다. 극지에서도, 사막에서도, 암벽 마을에서도 살아갈 수 있는 단 하나의 이유는 그것이 선조들의 모습이었고 자신들 또한 그 선조의 자손임을 알기 때문이다.

이곳에 살았던 선조들과 지금 살아가는 후손들이 이루어내는 고유한 것, 우리의, 우리만의 문화이다. 나라의 국격은 땅덩이의 크기가 아니라 그 땅을 지키고 살아가는 사람들의 마음, 그 사람들의 바른 자세이다. 그런 자세들이 있었기에 어떤 가혹한 자연의 환경에서도 인간들은 가족과 문화와 국가를 이루었다. 그 모든 것은 자연, 이 지구별의 변하지 않는 자연이 있기 때문이다. 그 자연이 변하고 생태계가 병들고 대기의 기온이 올라가고 있다. 이제 인간들은 어쩌면 살아오던 곳을 떠나야 하리라...

01:12
지구별에 세들어 사는 인간 하나의 근심

　인간이 한 삶을 살면서 내놓는 것이 얼마나 많은지, 생각해 보면 놀라움을 금치 못하겠다. 인간 한 명이 이 지구별에 태어나, 먹고, 쓰고, 버리는 것도 엄청나거니와 어떤 인간도 이 별에 유익하지 못했다. 인류를 구한 영웅도, 선지자도, 예술가도 삶, 그 자체가 지구엔 도움이 되지 못했다. 지구는 너덜너덜해지고 추해지고 이젠 그 끝이 보이는듯하다. 멀리 갈 것도 없이 이 나라 곳곳에서, 가장 중심인 서울의 여기저기서 싱크홀이 발생하여 달리던 차가 추락하고 걷던 사람이 빠져서 죽는다. 옛날의 사람들은 그 어디보다 땅이 가장 안전하다고 했다. 땅은 곡식과 모든 것을 길러내는 원천이며 모든 것을 받아서 환원하는 더없이 거룩한 곳. 그 땅이 이제 힘을 잃어 발 딛는 곳마다 무너지고 힘없이 꺼지고

가라앉는다.

인간들이 파헤치고 뚫고 구멍내고 저 심장까지 갈가리 찢었으니, 어쩌면 당연한 결과일지도 모른다. 기후 변화로 인한 이상 기온으로, 빙하는 녹아내리고 북극곰이 집을 잃어 방황하는 모습을 인간들은 그저 무심한 눈으로 볼뿐이다. 천상의 동물이듯 그렇게 눈부시게 희게 빛나는 모습을, 동물의 세계에서나 가끔 볼 때 그 경이로운 모습에 감동했었다. 그러나 오늘의 북극곰은 추레하고 초라하게 인간의 쓰레기통을 뒤지고 있다. 돌고래의 배 속에는 인간들이 버린 쓰레기가 가득하고, 심해에도 쓰레기 섬이 존재한다. 스리랑카의 쓰레기 숲엔 매일 코끼리 떼가 와서 쓰레기 속에 코를 박는다. 조금만 더 가면 먹을 것이 지천인 숲이 있건만 쓰레기차가 오는 시간에 코끼리 떼는 몰려온다. 이미 인간들 음식이 썩어가는 맛에 중독이 되었기 때문이다. 그런 코끼리는 일정 시간이 지나면 쓰러져서 죽고 마는데 자연사가 아니라 배 속에 가득 찬 쓰레기가 원인이다.

어떤 동물도, 자신들의 사는 흔적으로 지구를 이렇게 망쳐놓지 않았다. 그들은 조용히 자연에 흡수되고, 이윽고 지구별과 한 몸이 될 뿐이다. 완전히 썩어 분해되어 그 세포 하나까지 지구별의 자양분이 된다. 한 세기 전만 해도 인간들도 그런 삶을 살았다. 그러나 지금 인간들의 횡포와 욕심은 그 어떤 자연이라도 당해내지 못한다. 중국의 장가계나 황산 등이 볼만하다고 하는데 사진으로 여러 번 보면서, 나는 감탄하기보다 인간의 지독한 탐심을 보고 너무나 질려 이젠 사진조차 보지 않는다. 그 아득히 높은 바위들과 산봉우리까지 이어진 잔교는, 자연물에 행한 인간들의 잔혹한 이기심과 다름없다. 가혹한 가난으로 인해 어쩔 수 없이, 잔교를 만들면서 공포에 떨었을 인부들과 사고를 당한 많은 사람의 원혼이, 마치 안개처럼 스며있는 듯 보였다. 그렇게까지 올라가서 기어이 봐야 하는가? 인간의 발길이 닿아 정복했다고 기뻐하는 심리는 대체 뭐란 말인가?

결국은 자연에 대한 돌이킬 수 없는, 인간의 횡포는 언젠가는 그 대가를 돌려받게 된다. 자연도 휴식이 필요하며 인간이 찾아오지 않는 안식이 간절히 필요하다. 인간은 자연과 함께 하기를 그렇게 원하지만, 자연이 인간을 원할지는 진정 의문이다. 어느 광고에선가, 아름다운 자연을 보여주면서 그 아름다움도 인간이 없으면 아무것도 아니라는 카피를 들으며 온몸이 오싹했다. 그것이 인간의 타고난 오만이다. 그러나 내가 보기에 어떤 곳은 인간이 있으므로 그 자연의 완벽한 조화가 부서진 듯 보인다. 인간의 모습을 지웠을 때 자연은 그것 자체로 완벽하다. 인간이 이 자연 속에서 직립 보행을 한 이후, 아마 헤아릴 수 없는 재해들이 인간을 괴롭혔을 것이다. 그런데 그것은 자연의 정말 자연스러운 순환이었을 뿐, 인간들을 괴롭힐 의도는 절대 없다. 자연의 순환은 그렇게 오고 지나가며, 인간들이 흩트려놓은 수많은 부조화를 조화롭게 돌려놓았다.

핵폭탄을 터트려 지옥을 만들어 놓았는데, 시간이 흘러 그곳에도 자연은 회복의 숨을 쉬고 있다. 그래서 자연은 위대하다고 말하고자 함이 아니다. 어쩌면 이 지구별의 자연은 회복 불가능의 시기에 접어들었을지도 모른다는 공포를 느끼는 순간들이 있다. 그 노화를 앞당긴 우리 인간들... 나는 자연주의자도 아닐뿐더러 자연인은 더더욱 아니다. 오히려 자연을 부르짖는 녹색 인간들을 좋아하지도 않고, 지나친 원리주의자들을 혐오하기도 한다. 그럼에도 지금 내가 딛고 걸어가는 이 땅 밑에서 벌어지고 있는 일들이 무엇보다 무섭다. 자연의 순환은 언제나 왔으며 항상 지나가고, 피해를 당하는 인간들은 있지만 현재 진행되는 모든 것은 지나가기 위해 오는 것이 결코 아니다. 100% 인간들이 만든, 그래서 지나가지 않고 현재진행이 완성되는 것이 예견되기에 너무나 무섭다. 현재에 이어 미래가 되리라는 것이 너무나 명확히 보여서 망연자실에 빠진다.

01:13
가장 잔혹한 동물, 인간

이 지구에서 인간족만큼 자기 동족을 많이 죽이고 학살한 종은 없다. 멸종하지 않고 살아가는 것이 기이할 정도로, 전쟁이 없었던 날이 단 하루도 없는 인간들은 다른 동물들에게 희한한 애정을 퍼붓는다. 인간은 아주 옛날부터 특정 동물을 좋아하다 못해 신의 위치에까지 올리고 자신들의 조상으로도 삼는다. 그것은 오랜 시간 종족을 보존해 옴으로, 그 동물의 용맹함과 신비한 능력을 결합해 탄생한 민족 설화로 전승된다. 그런 것이 아니더라도 국가적으로, 개인적으로 숭배하고 사랑하는 동물이 존재했다. 치타나 표범 같은 동물들은, 강한 야성을 겸비한 아름다운 외모로 여러 군주의 사랑을 받고 그들의 애완 및 상징이 되기도 했다. 고양이는 오랫동안 이집트의 국가 보호 동물로 일반인들은 키우지도 못했었다.

　닭, 오리, 공작, 개, 고양이, 하다못해 뱀이나 파충류도 사랑해서 현재 반려로 기르는 사람들이 많다. 인간은 아름다움을 특정하는 느낌이 각각이고 기이한 외모, 소수일수록 열광하는 법이어서 지금까지의 많은 동물족들이 멸종되었다. 인간족은 동족뿐만이 아니라 지구의 동물족을 사라지게 만드는 것에 지금도 일조하고 있다. 그나마 인권의 발달과 함께 동물권도 같이 존중되어 예전 같은 학살은 하지 못한다. 그러나 지금도 희귀한 동물을 찾고 잡아서 밀매하는 것은 절대 멈추지 않는다고 한다. 하루에 사라지는 종이 얼마나 되는지 모른다고 하니 할 말이 없다. 인간은 흔하고 평범한 것은 무시하는 특질이 있어 희귀할수록 사랑한다. 판다를 사랑하는 요즘의 열풍도 그렇다. 판다는 애초에 인간이 사랑하는 동물의 기준을 다 갖추었다. 풍부한 표정과 영리함, 행동의 모든 것들이 인간의 마음을 저격하게 생겼다. 만약 보호하지 않았다면 이 종은 애초에 멸종되었을 것이다. 판다는 일 년에 겨우 이틀의 번식기가 있을 뿐이고 태어나서 생존 가능성도 희박하다. 야생에서의 판다와 사육된 판다가 얼마나 다른지 깜짝 놀랄 정도다.

　판다는 포유류 식목육 곰과 판다속의 동물이다. 중국 서부의 해발 2,000m~3,500m의 고산지에 서식하며 분포 지역도 다양하다. 티베트 동부, 미얀마, 히말라야 아삼 지대에도 서식하는데, 우리가 아는 바와 같이 대나무와 조릿대 등을 주식으로 하지만 작은 포유류 동물도 야생에서 먹는다. 우리가 판다라고 부르는 것은 대왕판다 종이며 다른 판다들도 있다. 중국은 1941년부터 판다 외교를 시작했는데, 장제스 총통의 부인 송미령 여사가 미국 지원에 대해 감사의 표시로 판다 한 쌍을 보낸 것이 시초이다. 그 후 중국은 영국, 벨기에, 프랑스, 독일, 한국, 일본 등 18개국에 우호의 상징으로 판다를 보냈다. 그러나 실상은 우호가 아니라 엄청난 돈을 벌어들이는 장사이기도 하다. 우리나라에 있는 판다들은 많은 금액을 중국에 지불하고 임대 형식으로 머물고 있다.

여기서 번식해서 새끼를 낳는데도 수억을 지불해야 한다. 그러나 판다 가족이 일으키는 경제 효과가 크기에 그것으로 말할 바는 못 되지만, 이 신비한 동물이 사람에게 주는 위안과 사랑스러움은 말로 다 할 수가 없다. 하지만 강바오나 송바오 같은 순수한 영혼의 사육사들이 가족 같은 애정으로 시너지효과를 일으켰음을 간과해서는 안 된다. 아이바오와 러바오 이전, 리리라는 판다는 임대료를 물 수가 없어 중국으로 돌아가기도 했었다. 중국에선 판다에 대한 학대 행위가 가끔 보도되는데, 그것은 어쩌면 당연한지도 모른다. 대부분의 중국 사육사는 판다를 사육할 뿐이지만, 우리의 사육사들은 말 그대로 기른다. 할부지가 되고, 아부지가 되어 기르는 것과 사육하는 것이 다를 수밖에 없다. 인간과 동물이 만드는 그 기적 같은 따뜻한 연대의 관계가 판다를 특별하게 하고 행동 하나하나에 집중하게 만든다.

너무나 개체 수가 적고 번식도 어려우며 기르는 사람의 애정을 알아주는 판다의 특성이 사랑받는 포인트다. 여기에서 인간의 이기적인 면모가 그대로 드러난다. 똑같은 판다임에도 개체 수가 많고 마구 번식할 수 있고 둔하게 먹기만 해댄다면 지금과 같은 판다 열풍은 없다. 푸바오 굿즈로 집 안을 채워 놓은 어떤 이를 보면서 이렇게나 사랑을 주고받을 데가 없는가 하는 느낌에 슬퍼졌다 판다든 반려견이든 사랑하고 사랑받는 느낌에 몰입하기에 빠져버리는 것이다

그 사랑이 과연 건강한 것일까? 달콤한 감정 밑에 깔린 인간의 냉혹함이 발현되지 않기만을 바랄 뿐이다. 올바르게 집중되지 못한 사랑이 참혹한 결말을 맞이하는 경우가 현재 반려인들 사이에서 많이 일어나고 있다. 이 지구별에서 가장 잔혹한 종이 인간이기 때문이다.

01:14
한 종이 목숨을 잃으면 우리는 그 종을 다시는 볼 수 없습니다.

　영국 공영방송 BBC의 '멸종, 불편한 진실'이란 다큐를 보는 내내 마음이 불편하더니, 끝내는 분노와도 같은 감정이 솟구쳤다. 채널을 돌리다가 중간부터 보았으나 너무나 철저한 인간 위주의 시각에 놀라움과 슬픔이 교차한다. 극을 달리는 인간 이기주의에, 식물과 동물을 포함한 모든 종이 사라질 수밖에 없음을 통렬하게 깨달았다. 동물, 식물학자들의 시각이 위의 제목 같으면 말이다. 방송이 말하고 보여 주고자 하는, 동물 밀매며, 위법의 포획이며, 잔인한 살해를 떠나서 먼저 자연을 대하는 시각이 저와 같으면 모든 것은 곧 사라진다. 북아프리카 코뿔소가, 그 코를 노리는 남획으로 이제 두 마리만 남은 절망적인 상황에서, 여성

동물학자가 위의 제목의 말을 걱정이랍시고 내뱉고 있었다. 인간이 다시는 볼 수 없는 것이 한 종이 사라지는 데 대한 염려라는, 이 잔혹하기 이를 데 없는 이기심이 어쩌면 인간 본연의 마음인지도 모른다.

이 세상 모든 것은 인간을 위한, 인간에 의해서, 인간만이 누릴 자격이 있다고 하는 생각이 우리 인간들이 가진 본래의 자만심이다. 그 자만심이 세상에 창조된 종들을, 아무도 알지도 못하는 사이에 사라지게 하고 있다. 우리는 이 지구상 동식물의 비밀을 얼마나 알고 있을까? 알 수 있는 것은 극소수의 몇 가지에 지나지 않으며 아직 그 종조차도 파악하지 못하고 있다. 그런데 나는 모르는 것이 당연하다고 생각한다. 왜 세상의 모든 비밀, 그것도 이 지구별에 함께 살기 위해 태어난 모든 종을 왜 그렇게 악착같이 알아야 하나? 인간이 동물의 단계에서 진화되어 오늘에 이르렀으나, 그렇다고 해서 지구별의 모든 생명의 생살여탈권을 가졌다고 착각하는 것에서 이 오만은 시작되었다. 밍크를 비롯한 아름다운 털을 가진 동물들은, 단지 그 이유 하나로 그냥 죽임을 당한다.

코뼈가 예뻐서, 약재가 되어서, 진귀한 요리로 먹기 위해서 등등... 사람들은 자신들만의 타당한 이유로 어떤 죄의식도 없이 죽인다. 다큐가 끝까지 말하고자 하는 것은, 그래서 인간이 역습당해 오늘날 코비드와 같은 감염병이 생겨 인류가 위협당한다는 결론이다. 카르마의 법칙에는 예외가 없다. 당연한 결과이고 그것은 언제든지 예견되어 왔다. 내가 깊은 슬픔을 느낀 것은 너무나 철저한 인간 위주의 사고가 얼마나 자연에 가혹한 위험을 가해 왔는지를, 멸종을 이야기하면서도 전혀 모른다는 것에 있다. 일개 무명 씨에 지나지 않는, 나와 같은 사람도 알 수 있는 것을 그 고명한 학자들은 왜 모르나?

그 이유는 오로지 인간만을 생각하기 때문이다. 인간이 없으면 이 지구는 아무것도 아니라는 생각이 이런 오류를 만든다. 자신들은 누구보다 동식물을 사랑한다고 착각하면서 말이다. 그러기에 인간이 멸종된다고 하더라도 자연의 어느 종도 슬퍼하지 않을 것이며, 놀라운 변화와 함께, 이내 질서를 찾아갈 것이다.

인간은 이 자연에 대한, 가장 위험하고 사악하며 잔혹한 존재이다. 먼저 그 점을 깨달아야만 진정하게 이 지구별에서 공존할 수 있다. 어느 시대이거나 인간은 자연의 산물을 먹어 치우고 파괴해 가면서 단 한 번도 죄의식을 가진 적이 없다. 너무나 당연하게 땅은 소출을 내어야 하며, 동물은 피와 살과 가죽과 모피를 내어놓아야 한다. 그것이 인간이 원하는 질서이며, 인간이 우위를 점하는 기본 상식이다. 그러나 왜 그래야 하는가? 그것이 왜 당연한가?

감사하지도, 보호하지도 않으면서 이뻐야만 사랑하고 미워지면

버리는 것을, 밥 먹듯이 하는 인간들을 보면, 자연에게 복종을 강요하는 인간의 독재에 같은 인간으로 멀미가 난다.

요즘 때가 때여서 그런 것인지, 인간의 자비를 유도하는 광고들을 매체를 통해 자주 접하게 된다. 언제부터인가 동물보호와 자연보호에 관한 광고도 나오는데, 그 광고에서도 인간의 독선과 이기를 발견한다. 이 모든 동물을 구조하는 싸움에 동참하라고 명령하면서 어느 단체의 후원자가 되기를 강요한다. 이 세상의 동물을 구조하고 자연을 보호하는 일에, 전쟁이라는 도발적인 문구를 넣는 자체가 틀렸다고 본다. 자연과 동식물은 그런 전쟁을 원하지도, 요구하지도 않는다.

그저 인간들이 자연을 향한 모든 관심을 거둬가면 될 뿐이다. 구경거리로, 사냥감으로, 보신으로 보지 말고 그냥 사는 곳에서 살아가게 놔두면 된다. 그냥 물끄러미 바라만 본다면 그만이다.

인간들이 할 일은 스스로를 돌보며 주변을 그만 더럽히고, 쓰레기를 내버리지 말고, 쓰고 먹는 것을 줄이면 된다. 그런 조심을 하고 살도록 인간들을 가르치고 또 가르치고 계도하는 것이 옳은 일이다. 그런 방송이 차라리 필요할지 모른다.

01:15
홀로세, 기후의 안정기

　영상 매체에서 극지방이나 네팔, 티베트 등의 고산에 자리한 만년설 또는 빙산, 빙하를 보여주면 어떤 이들은 쓸모없는 땅이라고 내뱉는다. 풍요로운 초원이나 농작이 가능한 땅이 아닌, 그저 얼음만 있는 지구의 버려진 땅이라고 생각하지만 그것이 얼마나 어처구니없는 무지인지 반드시 공부해야만 한다. 현재 이 위기의 지구에서 살아가는 사람이라면 말이다. 지구의 모든 빙산과 만년설은 태양으로부터 지구의 기온을 안정시키는 소중한 냉각판이다. 즉 태양의 열기를, 하얀 빙산이 흡수해서 지구별이 지나치게 더워지는 것을 막는 전진기지나 마찬가지이다. 온실가스로 인해 대기의 기온이 오르면서 남극과 북극의 빙산이 허물어지는 것을, 공포로 받아들여야 하는 이유기도 하다.

극지방과 여러 곳의 만년설에 존재하는 빙하들이 얼마나 중요한지 사람들은 거의 인식을 못 하고 있다. 무서운 일이다.

지구를 많은 시기, 또는 여러 형태로 나누는데 지금은 지질시대 제4기, 또는 충적세라고 한다. 다른 표현으로 홀로세라고 명칭하고 있다. 지질시대의 최후 시대로 전신세, 완신세라고도 하는데, 인류는 충적세 초기에 농경을 시작하였다. 농경 시대가 시작됨으로 인류의 진정한 문화가 생기고 발달하였다고 할 수 있다. 끝없이 움직이며, 먹을 것과 안전하게 잠잘 곳, 번식을 이어갈 수 있는 장소를 찾아 이동하던 인류는 동물의 범주에서 벗어나지 않았다. 그러나 농경은 인류를 한 곳에 안주하게 했고, 가족과 가문과 민족이 생기는 실마리가 되어주었다. 어느 노벨상 수상자는, 인류가 홀로세에 농경을 시작함으로써 지구의 과거와는 완전히 다른 시대로 변환되었다고 말하고 있다. 그래서 인류세라고도 말할 수 있는 것이다. 문명이 발달하고 그 발달한 문명을 이어감으로, 인간들이 지구에 미친 영향이 너무나 커서 하나의 새로운 지질시대가 시작되었다고 보는 것이다.

지구의 역사를 세와 대로 나눈다면, 오늘날 우리는 신생대 제4기 홀로세에 살고 있다. 홀로세란 용어는 1885년 만국 지지진학회에서 채택되었다. 지구별에 진정한 위험이 도래한 시기를 학자들은 1950년 경이라고 보고 있다. 놀랍게도 백 년이 채 못 되는 시간이다. 수만 년의 시간 속에서 인류가, 동물의 범주에서 벗어나

온갖 문명을 만들고 파괴되어 가는 과정을 거듭하면서도 이 지구별의 존립에 미치는 영향은 거의 없었다. 그 어떤 문명과 전쟁을 거듭해도 인류는 자연과 같은, 순환적인 귀속, 소멸의 과정에서 벗어나지 않았던 것이다. 그러나 드디어 인류는 영원히 소멸되지 않는 물질을 만들어내고 말았다. 수만 년의 지구 존립 기간 동안 전혀 없었던 신물질인 알루미늄, 콘크리트, 플라스틱 등의 물질이 지구에 위협이 된다는 것을 인식한 것조차도 얼마 되지 않는다. 신물질들이 사용하기 편리하고 이롭고 인류를 발전시키는 선의 물질인 것을 모두 믿었다.

많이 쓰고 많이 만들면 만들수록 인류가 이롭다고 여겼다. 그러나 이 물질들이 인류사 초유의 재앙이 될 것을 예측한 사람들은 거의 없다. 현재 지구별에서 만들어진 어떤 플라스틱도 없어지지 않았고, 미세하게 잘려서 산과 바다의 생물들의 몸 안에서, 인간들의 몸에도 축적되고 있다. 하나의 잔혹한 예가 인간들의 다큐에 포착되었다. 하와이에서 북서쪽으로 1600km 떨어진 곳에, 인간의 발길이 머물지 않는 외딴섬이 있다. 레이산이라고 불린다. 이 섬엔 세상에서 가장 큰 바닷새가 사는데 신천옹, 즉 레이산알바트로스가 번식을 하는 곳이다. 레이산알바트로스는 수명이 대략 60년이며 가장 먼 거리를 이동하는 거대한 새이다. 이 섬에서 부화된 새끼 새는 하염없이 수평선을 바라보며 먹이를 가져오는 어미를 기다린다. 어미 새는 수천 킬로를 돌아다니며 사냥하기에 아기 새는 하염없이 기다릴 수밖에 다른 도리가 없다.

그런 새끼 새들이 수없이 죽음을 맞이하는 이유는 굶주림이기보다 플라스틱을 먹기 때문이다. 레이산섬 전체가 저 먼 곳에서 떠밀려 온, 온갖 형태의 플라스틱으로 가득하고 바다에도 떠다닌다. 불행히도 알바트로스는 작은 플라스틱을 먹이로 여기고 아기새에게 먹임으로 본의 아니게 죽이고 만다. 섬 전체에 널린 플라스틱의 잔해가 모든 아기새들의 배 속에 있고 소화되지도, 배출되지도 않은 물질로 인해 아기새들은 굶어 죽는다. 3주 만에 부모 새가 돌아와서 열심히 먹이지만 그 내용물의 대부분은 플라스틱이다. 그래서 레이산 앨버트로스의 개체 수는 급격하게 줄어들었다. 이것이 인류와 무슨 관계가 있느냐고 묻는다면 이 지구별은 희망이 없다. 지구 어딘가에서 매일매일 사라지는 종이 내일은 인류가 될 것이다. 거기에 나도 일조했다. 지금도 플라스틱을 쓰고, 버리고, 아무런 죄의식도 없으니 레이산 알바트로스와 같은 운명을 맞이한다 해도 할 말이 없다.

01:16

20세기 최대의 환경 재앙 아랄해

　카자흐스탄과 우즈베키스탄 사이에 아랄해라는 염호가 있다. 염호라는 말은 소금호수라는 뜻이다. 고대에 아랄해의 면적은 지금 미국 캘리포니아주 절반 정도의 크기였다고 한다. 문명의 발상지 중 하나이기도 했고, 실크로드의 중요한 물 보급처이기도 했다. 염호이기는 했으나 사람과 말과 낙타들이 마시기엔 무리가 없었고, 이 물이 있었기에 문명이 싹트고 발전했다. 이 호수에서 물고기를 잡아서 생계를 잇는 어민들이 많았고 항구도 번창했다. 중앙아시아의 사막에 자리 잡은, 이 거대한 염호가 인간과 동식물에게 미친 영향은 이루 다 말로 할 수 없을 정도다.

　그러나 이 염호의 물은 계속 줄어들어서 현재 70% 정도가 남았다. 계속 복원 공사를 하고 있는데도 말이다. 앞으로도 이 속도로 줄어든다면, 말 그대로 소금호수가 되어 그 어떤 생명체도 이 물에서 살지 못할 것이다. 이미 매년 10억 톤의 소금 먼지를 날리는 공포의 호수가 되어버렸다. 원인이 무엇일까? 역시 인간이다.

개발이라는 명목으로 호수로 흘러드는 아무다리야 강과 시르다리야 강의 물을 관개용수로 사용하기 위해, 물길을 돌려버린 공사 때문이다. 매년 수억 톤의 소금 먼지가 휘날리는데 이 소금 먼지는 동식물은 물론, 사람조차도 만신창이로 만든다. 아랄해라는 이름은 고대 그리스어, 키르기스아랄덴기스에서 유래되었는데 섬들의 바다라는 뜻이다.

호수에 수많은 섬이 존재할 만큼 물이 넘치는 내해였고 예전에는 세계에서 4번째로 큰 호수였다. 그런 호수가 물이 줄어들어서 1987년엔 40% 이상 좁아졌음이 확인되었다. 수위도 자그마치 12m가 내려갔으며 그로 인해 호수의 소금기는, 그 무엇에도 쓸 수 없을 정도로 농축된 상태가 되었다.

1960년부터 구소련은 아무다리야 강과 시르다리야 강의 물길을 관개용수로 돌려 우즈베키스탄과 투르크메니스탄, 카자르스탄 등을 농지로 개간했다. 소련의 식량창고로 이용하기 위함이었다.

아랄해로 전부 흘러가던 물은 얼마 되지 않아서 호수는 염분과 광물질이 급격히 늘어나, 어떤 동식물도 살아갈 수 없는 상태가 되어버린 것이다. 아랄해엔 철갑상어를 비롯한 많은 어종이 어민들을 풍요롭게 했으나 모두 사라져 버렸다. 수많은 배가 드나들던 번성한 항구였던 아랄스크 항과 무이나그 항은 해안이 사라져 항구의 기능을 완전히 상실했다.

뒤늦게 문제를 알아차린 소련 정부는 물이 적게 드는 농법을 개발하고 두 강의 물을 최대한 호수로 흘러들게 하려고 노력했으나 이미 늦었다. 현재 아랄해의 수위는 계속 줄어들고 있으며 소금 사막으로의 진행은 계속되어 가고 있다.

지르 타리 야간에서 물이 흘러드는 소 아랄해는 그나마 회복의 기미를 보이고 있고, 우즈베키스탄 정부도 안간힘을 쓰고 있으나 이미 아랄해는 20세기 최고의, 인간이 저지른 환경파괴의 장소가 되고 말았다. 이 일의 폐해가 그 지역에서만 그치는 것일까?

아랄해의 주변의 온도는 1.5도가 높아져 있고, 그 온도가 의미하는 것이 무엇인지 환경에 대해 생각하는 사람은 대번에 안다. 소금 사막에서 생성된 소금 먼지는 격심한 호흡기 질환들을 만들어 내었고, 먼지 폭풍은 기류를 따라 어디까지 가는지 가늠할 수가 없다.

엄청난 피해는 그곳에 살던 주민들의 몫이었으나 그것만이 아님을 깨달아, 뒤늦게 아랄해의 회생 작업에 온 세계가 나섰다. 한곳의 자연 생태계가 무너지면 그 나비효과가 얼마나 끔찍한 부메랑이 되어 돌아오는지를 알게 된 덕분이다.

세계은행과 카자흐 정부는 2001년부터 9000만 달러를 투입해서 코카랄 댐을 건설했다. 시르다리야 강의 물을 막아, 아랄해로 흘러들게 하자는 호수 복원 프로그램은 상당한 진척을 보였다. 댐에서 차오르는 물은 주변의 기온을 낮추었고, 민물고기가 살아갈 수 있을 정도로 염도도 낮아졌다.

그러나 아직은 일부일 뿐, 아랄해의 완전 복원은 요원하다. 살아갈 터전을 잃은 어민들과 주민들은 먼 도시로 뿔뿔이 흩어졌고 그간의 손실은 표현할 말이 없다. 이제 다시 복원되어 아랄해가 옛날의 번영을 구가할지라도 소금 사막의 흔적은 여전할 것이다. 비단 아랄해뿐만이 아니다. 인간들의 잔혹한 욕심이 만들어낸, 이 지구별의 기형은 이미 불치의 상태이다. 재앙의 원인은 언제나 인간이었고, 자연재해는 지구의 당연한 활동임을 우리들은 자각해야 한다.

01:17
일본을 배우라고 말하지 마라

어릴 때부터 지금까지 꾸준히 영화의 주제가 되는 것을 보게 되는데, 외계 생물의 지구 정복이다. 점령을 당하든지, 쫓아내든지, 끊임없이 지구를 노리는 외계의 생명체가 있는 것으로 영화는 제목을 달리해서 상영되고 있다.

정답은 쓰. 레. 기. 쓰레기가 이 지구의 온갖 곳을 점령해 버렸다. 그런데 나는 현재 지구를 점령한 뭔가를 정확히 알고 있는 비밀 요원이다. 이것을 아는 사람들은 극히 일부에 지나지 않고 대부분의 사람은 모르고 있다. 뭘까? 고개를 갸웃하고 궁금하겠지만 워낙 상상 밖이어서 답을 들으면 놀라거나, 그럴 리가!! 의외라는 한결같은 표정들이다. 인간들이 쓰고, 먹고, 버린,

쓰레기의 잔해가 지구 곳곳에 없는 곳이 없으니, 점령당했다고 말할밖에.

에베레스트는 네팔과 티베트의 국경 지대에 솟아 있는, 8,848m의 세계 최고봉이다. 티베트어로, 초모랑마라고 불리는 이 산은 말 그대로 신성한 어머니 산지였다. 그러나 이제 에베레스트는 신성하지도, 신비하지도 않다. 헤아릴 수 없는 인간들의 발길에 밟혀서가 아니라, 정상 꼭대기까지 버려진 라면 봉지를 비롯한 쓰레기 때문이다. 이 지구의 산이란 산은, 거의 모두 그 지경이고 바다인들 다르지 않다. 바다는 여러 층으로 나누어지는데, 가장 깊은 심해에서조차 쓰레기가 발견되고 있다. 드넓은 대양 어딘가에 쓰레기가 뭉쳐져서 만들어진 몇 개의 섬이 있다고 한다. 이미 고래나 상어의 배 속에서 발견되는 쓰레기의 무게는 우리들의 상상을 초월하고 있다. 북극, 남극 어디나 할 것 없이 쓰레기는 발견되고, 우리의 땅은 점점 황무지, 또는 사막화가 빠르게 진행되어 간다.

이런 총체적 난국의 해결책을 전혀 찾지도 못한 지경에서, 한강토와 바다를 공유하고 있는 섬나라가 일을 내고 그 철면 피한 얼굴에 모르쇠의 가면을 쓰고 있다.

2011년 3월 11일, 일본 후쿠시만 원전 사고의 악몽을 우리는 아직도 선명하게 기억하고 있다. 사고가 일어난 이후, 섬나라

정부와 도쿄 전력의 태도는 놀라울 만큼 무사태평, 마치 일반 오염수가 바다로 흘러드는 것과 무엇이 다르냐는 표정으로 일관해 왔다. 언제나 그랬듯이. 자국에서 일어나는 일들이 세계, 특히 우리 한강토에 어떤 불이익이 오는 것에 대해 저 섬나라는 언제나 오불관언이었으니 새삼 화낼 것도 없겠다.

화를 내는 것이 문제 해결에 아무 도움이 되지 않으니 말이다. 방송에 나와서 마치 앵무새처럼 오염수를 안전하게 지키고 있다고 했으나, 결국 2013년 7월, 도쿄전력은 제1원 전의 오염수가 바다로 유출되고 있음을 인정했다. 방사능 오염수를 자그마치 하루에 300톤씩 바다로 유출하고 있다는 것이다.

약 한 달 뒤에는 제1 원전 냉각수 저장탱크에서, 치명적인 초고농도 방사성 물질 오염수가 수백 톤가량 바다로 흘러 들어갔다고 밝혔다. 원전 사고로 발생한 오염수를 방류하면서 발생하는 각종 물질은, 결국 우리의 바다를 차츰 오염시키고 생태계에 심각한 문제를 만들 것은 자명한 일이다.

이런 일본을 찬양 일색으로 보면서 배워야 한다고 말하는 사람들은 늘 있다. 거리가 티 없이 깨끗하고 인사 잘하고, 아이들이 완벽하게 예의를 지킨다는 등의 찬사를 들으면 진짜를 보지 못하는 그 한계에 슬퍼진다. 그 모든 것들이 자국의 예의와 이익과 청결에만 그친다는 것을 왜 간파하지 못하는 것일까? 오염수를 방류하는 것에 아무런 죄의식과 책임을 느끼지 못하는 섬나라를, 이웃한 우리 한강토의 운명에 대해 아무리 화를 내도 소용이 없다. 어차피 일어난 일이고 어민들의 피해 보상이나 많이 받고, 국가 간의 어쩌고 저쩌고를 지나면 오염수는 우리의 바다에 스며들 것이고 그 후에 일어날 일은 아무도 모른다.

어쩌면 좋을까? 오염되어 가고 더럽혀질 수밖에 없는 이 바다이기에 우리는 그저 그렇게 받아들여야 하는 것일까? 시간을 들여 오염수 중의 치명적인 성분을 제거할 수도 있다는데, 그냥 방류하는 것은 가장 가까이 있는 이 나라를 그저 무시하기 때문이란 생각에 섬나라가 더 끔찍해진다.

그들에게 이웃해 있는 한국이란 존재가 무엇인지 물어본다면, 그들의 존재가 무엇인지 우리들은 결코 모를 것이다. 온 세계에 쓰레기가 널리고 어떤 일이 벌어져도 저 섬나라의 사람들은 눈빛 한 번 흔들리지 않을 것이다. 일본 열도만 깨끗하다면 그것으로 충분할 사람들이니까. 우리는 적어도 그런 일본에게 무엇을 배우자는 말은 안 했으면 좋겠다. 우리는 스스로 깨쳐 가면서 알아갈 것이고 일본은 이미 그것을 알고 있다. 우리의 어린이들은 적어도 자국만이 아닌, 세계를 배워 가면서 지구별에 대한 책임감도 함께 알아갈 것이니 제발 일본을 배우자라는 말은 하지 말자.

01:18
카트만두의 오염

네팔의 수도 카트만두를 우리는 굉장히 청정한 지역으로 알고 있다. 네팔이란 나라가 청정무구의 대표적인 곳으로 인식되었고 얼마 전까지 그것은 사실이었다. 카트만두가 청정한 곳이라는 인식은, 그곳이 에베레스트의 나라이기 때문이다. 이 세상에서 가장 높은 산의 만년설 나라이며 공기도 물도 청정하기 이를 데 없는, 지상의 이상향... 뭐, 그 정도쯤으로 우리들은 네팔을 생각했었다. 카트만두는 그런 네팔의 카트만두 계곡의 중심에 자리 잡고 있고 수도이자 가장 큰 도시이다. 이미 인구가 320만인데 나날이 팽창하는 중이다.

2015년과 2023년에 두 차례의 엄청난 지진을 겪어, 많은 고난

중에 있지만 그보다 더 큰, 카트만두의 문제점은 에베레스트로 이어지고 있다. 바로 쓰레기이다.

이미 이십여 년이 지나도록 이어져 온 문제가 불거져서 주민들과 관광객들과 산악인들은, 말할 수 없는 갈등과 불화의 감정 폭발성에 놓여 있다. 네팔은 자력으로는 거의 성장할 수 없는 나라이다. 지형학적 위치가 그렇고 기후까지도 네팔을 고립시키는 원인이 된다. 중국과 인도 사이에, 히말라야산맥이 거의 반 이상이나 차지하고 있는 내륙 국가인 것이다. 126개의 소수민족으로 구성된 인종 문제도 복잡하고 종교도 말할 수 없이 다양하게 얽혀 있다.

세계 10대 최고봉 가운데 8개를 보유할 정도의 산악 국가라는 것은 그만큼 국민들의 삶이 힘들다는 것을 말해 준다. 이 모든 난관 속에서도 공화제 이후 네팔이 도약할 수 있었던 것은 산악 때문이었고, 산악을 찾아오는 등반가들과 그에 관한 모든 부가가치의 부양으로 인한 경제의 발전 덕분이었다. 네팔을 찾는 관광객들의 목적 순위를 보면 히말라야 등반을 비롯한 산악트레킹이 가장 높고, 휴양, 성지순례, 무역이 가장 하위이다. 부처의 고향인 네팔에서 정신적인 휴양을 하려는 목적 관광객들이 등반을 앞서기도 하지만, 부가가치를 따져볼 때 등반과 트레킹에 관계된 경제 수치가 가장 높다.

그러다 보니 네팔의 수도 카트만두는 이 모든 목적을 가진 관광객들의 전진기지가 된 지 오래다. 시내이든 변두리이든 태우거나 태우는 중이거나, 썩어가는 쓰레기가 쌓여 있어 이 문제는 네팔의 큰 걱정이자 고민이 되었다.

관광객들은 자신들이 필요 없는 것을 모두 버리고 떠나고, 거기서 필요한 것은 빈민들이 골라가고 나머지는 그대로 쓰레기가 된다. 쓰레기를 제대로 처리할 그 어떤 방편도 없이 그저 썩는 것을 방치하고 태울 뿐이다. 대지를 신성하다고 여기는 네팔인들은 땅을 파서 불결한 것을 묻는다는 것을 상상도 하지 못한다.

도심 외곽에 자리 잡은 카트만두의 국제공항 주변의 쓰레기조차 되는대로 방치되어 있다. 그것을 게으른 국민성의 탓이라고 탓할 필요는 없다. 게으른 것이 아니라 네팔은 원래부터 쓰레기를 걱정할 필요가 전혀 없는 나라였다. 그 어떤 것도 쓰레기가 되지 않았고 일백 프로 자연 순환을 거듭해 왔는데, 한 세기가 지나지 않아서 관광객과 산악인들의 쓰레기통이 되어버린 것이다. 광장이든 사원이든 신전이든 할 것 없이 성과 속이 함께 일상이 되는 신들의 나라를 더럽힌 것은, 자칭 선진 국민이라고 내세우는 유럽인들을 비롯한 여러 나라의 잘난 인간들이다. 내가 가져간 것은 내가 가져온다는 간단한 사고방식만 가지고 있어도, 네팔은 언제까지나 청청한 산악 국가로서 인간들의 심신을 품어줄 것이다. 카트만두에서 에베레스트까지 이어진 이 쓰레기들이, 후일 우리에게 무엇으로 되돌아올지 아무도 모를 일이다. 전 세계가 쓰레기로 몸살을 앓게 시작한 지 오래되었고 우리는 방치하고 아직도 아무 데나 버리고 있다.

01:19

수도권 매립지는 인천의 영구 시설인가

제목도 작가도 기억하지 못해서 아쉽지만, 나는 분명히 환상소설 모음집에서 그런 내용을 읽었다. 실은 내용도 완전하지는 않은데 분명히 기억하는 내용은 있다.

어느 나라인지, 별인지에서는 그 나라 국민들의 용변을 처리하는 가족이 대를 잇고 있었다. 화려한 저택에서 부족함이 없이 생활하면서, 그 일만을 가업으로 살아가는데, 문제는 이 가족은 모든 사람과 철저히 분리되어야 했다. 대화도, 식사도, 만남도, 그 어떤 사람들과도 해서는 안 되었고 나라에서 제공하는 편의 시설에서 오로지 떨어져 살아야 했다. 이 가족의 얼굴만 대면해도 오염된 것으로 간주하여 분리 조치가 되며, 영원히 가족조차도 만날 수 없었다. 자녀가 적정 나이가 되면 어떤 방법으로 배우자가 선발되어 시설 안으로 들어가게 되고 그걸로 끝이었다. 절대 불변의 국법이자 그 나라가 청정하게 존속되는 유일한 방법이었다.

또 다른 이야기가 있지만 생략하고, 오늘 어떤 뉴스를 보면서 불현듯 이 소설이 떠오른 것은 왜였을까? 내가 살고 있는 인천 서구는 여러 가지로 특별하고, 다종-다양한 변화가 많은 역동적인 도시이다.

이 서구의 가장 첨예한 이슈가 현재 2개가 있다고 할 수 있는데, 분구와 쓰레기 매립지이다. 분구는 검단구와 서구로 나뉘기로 확정되었으니 시행하면 되는데, 쓰레기 매립지는 그야말로 가장 쟁점이 되는 갈등의 원인이 되고 있다.

현재 인천과 김포 일대의 1600㎡를 차지하고 있는 매립지는, 1992년에 개장한 이후 약 60곳의 수도권 지자체의 온갖 쓰레기를 매립해 왔다.

그야말로 인천 서구가 수도권의 쓰레기통으로 삼십여 년을 보냈다는 말이다. 대박 났던 영화의 한 대사를 진정으로 인용하고 싶다.

"고마해라! 마이 무으따 아이가?!"

한 지역에서 삼십여 년을 매립지가 존재하고 이제 그것을 옮기고자 하는데, 모든 지자체가 외면하고 있다. 안 되는 것을 억지로 하고자 하는 것도 아니다. 이미 2016년까지 사용할 약속이었지만 대체 장소를 찾지 못해 계속 "너거가 해라!"라는 식으로 오늘까지 이어지고 있다. 임시로 추가 조성한 매립지를 사용하고 있으나 그마저도 60%를 넘겨서 새로운 장소를 물색하는 것이 시급하다. 그러나 수도권 4자 협의체(서울시, 인천시, 경기도, 환경부)가 실시한 수도권 대체 매립지 공모가 3번이나 무산되고 말았다. 지난 6월 25일 마감된 3차 공모까지 어떤 지자체도 공모조차 하지 않았다.

이대로라면 꼼짝없이 인천 서구는 수도권의 쓰레기통 신세로 계속 살아야 한다. 한화진 환경부 장관은 부지면적 축소, 주민 동의 절차를 거쳐 4차 공모를 할 것이라고 밝혔지만 답은 나와 있다. 위에 쓴 환상 소설처럼 너희가 지금껏 했으니 앞으로도 하면 돼! 일 것이다.

"그까짓 거로 뭔 피해가 그렇게 크겠어? 기껏 냄새가 좀 나고 먼지가 날리는 정도이지. 그 대신 혜택이 많잖아?"

실제 이런 말을 하는 외지 사람들이 많고 서구민들도 가까이 살지 않는 사람들은 피해를 실감하지 못한다. 침출수로 인한 어민들의 피해 정도만 알아도 많이 아는 축에 속한다. 서구 매립지는 시설 자체로 세계 제일이라고 하는 말도 있다. 말하자면 세계에서 가장 거대한 쓰레기통이다. 이 시설이 서구의 영구 붙박이가 되어야 옳은 것인가?

각 지자체의 쓰레기는 그곳에서 처리한다는 기본적인 원칙만 세워도 해법은 나올 것을, 대체 이렇게 영구 시설로 묶어 두려는 의도를 의심하지 않을 수 없다. 내가 싫으면 남도 싫고, 혐오시설이라고 타 지역으로 떠넘겨서 우리만 깨끗하면 돼!라고 하는 어리석은 이기주의는 이제 버릴 때가 되었다. 나는 서구에서 삶을 붙이고 산 지 20년이 넘었고 제2의 고향이나 다름없다. 그래서 이 지역의 일에 근심하고 나서기도 하지만, 쓰레기 매립지가 있다고 해서 굳이 싫은 것은 아니다. 필요하면 있어야 하고 삶의 한 방편이며 필요불가결한 요소임을 알고 있다.

하지만 절대 우리 땅은 안돼!라는 타 지자체의 논리는 절대 승복할 수 없다. 쓰레기 매립지는 서구 영구불변의 시설이 아니며 해결을 위해 모든 지자체가 최선의 노력을 해야만 한다.

01:20
에베레스트의 똥 수난

　에베레스트는 시골의 노인들도 그 이름을 아는, 해발 8,848m의 세계에서 가장 높은 산이자 히말라야산맥의 최고봉이다. 지구상에서 가장 높은 산이며, 네팔과 중국 티베트 자치령 국경을 통과해서 산맥이 이루어지고 있다. 티베트어로는 초모랑마이며 신성한 어머니라는 뜻이다. 네팔어로는 사가르마타, 즉 하늘의 이마라는 뜻으로 어떤 말로 불리든지, 인류사에서 가장 신성한 산으로 손꼽힌다.

　그러나 오늘에 이르러 에베레스트는 과연 신성한가? 등반가들의 꿈이기도 한 이 불멸의 산은, 지금 세 가지의 치명적인 오염으로 추락하고 있다. 시체와 쓰레기와 분뇨. 시체와 쓰레기는 다음에 말하기로 하고 오늘의 주제는 똥이다. 이 산을 오르는 등반가들은 베이스캠프에서 머물면서 전의를 다지고 휴식을 취하기도 하는데, 이 캠프 주변에만 쌓인 똥이 얼마나 될까?

베이스캠프 주변에만 쌓인 똥이 약 3톤이라는 충격적인 발표에, 등반가들의 표정을 진심으로 보고 싶다. 영국 BBC는 8일, 에베레스트의 대부분을 관리하는 파상 라무 자치단체의 밍마세르파회장이, 전 세계의 등반인들을 향해 이렇게 경고장을 날렸다고 보도했다.

"우리의 신성한 에베레스트의 바위 위에 사람의 대변이 보이고 악취가 나기 시작했고, 일부 등반가들이 병에 걸리고 있다. 앞으로 에베레스트를 등반하는 모든 산악인은 반드시 똥 봉투를 지참해야 하고 하산 때는 검열을 받아야만 한다."

나는 이 뉴스를 보고 실소했다. 산에 올라가지도 않는 내가, 산에 눈 똥을 여러 번 보았기에 나는 이 문제에 예전부터 심각하게 생각했었다. 특히 에베레스트 같은 높은 산에 올랐을 때, 등반가들은 어떤 방식으로 자신의 배설물을 처리하는 것인지 정말 궁금했다.

놀랍게도 내가 산이나 바다에 함부로 저지른 사람들의 불손에 대해 고민한 것은 어릴 때부터였다. 초등학교 다닐 때 고갈산과 그 아래의 아리랑고개에 소풍을 비롯한 여러 가지 일로 갈 일이 많았는데, 요즘 젊은이들은 상상도 못 하고 어르신들은 공감할 일이 분명히 있었다.

화장실이 없는 것. 전국의 국립공원에도 화장실이 거의 없었으니, 일반의 산에 화장실이 있을 턱이 없었다. 어린 나는 두 가지 이유로 산에 가는 것을 끔찍이 싫어했는데 송충이와 똥 때문이었다. 정말이지 심하게 말하면 똥 밭이라고 표현할 수 있을 정도로 산의 곳곳에 똥이 많았다.

그래서 소풍을 가도 나는 많이 먹지 않았고 주변에서 놀지도 않았으며, 보물 찾기는 절대로 하지 않았다. 절이 가까이 있으면 그곳까지 가서 볼일을 봤지만 누구든지 야외화장실이었다.

인도인들이 벌판에서 엉덩이를 내놓고 볼일을 보는 것을 흉을 보지만, 우리나라도 불과 몇십 년 전까지는 그랬음을 알아야 한다. 그때도 등산객들은 있었고 아무리 아니라고 해도 산의 곳곳에서 볼일을 봤음을 인정할 것이다. 지금 전 세계에서 가장 화장실이 발달한 나라가 우리나라이다. 그 어떤 곳에 가더라도 놀랄 만큼 훌륭한 해우소들이 있다. 그런데도 깊은 산은 있기 마련이니, 미안하게도 야외에서 실례할 때가 있다고 등산하는 지인들은 말한다. 그러나 에베레스트를 비롯한 험악한 산들의 곳곳에 화장실이 있을 리가 없다. 그러니 그 산에 들어가는 자, 반드시 산의 곳곳에 실례를 할 것이다. 얼어붙은 산의 곳곳에 선명하게 그 형태가 보존되며 계속 쌓이고 있을 것을 상상하는 것만으로도 숨이 막힌다.

파상라무 자치단체는 일인이 5~회 사용할 수 있는 똥 봉지를 만들어, 3월의 시즌부터 2개씩 배포할 예정이라고 했다.

이 봉지는 특수 제작한 봉지로, 볼일을 보면 그 내용물을 굳히게 만들어 무취에 가깝게 만드는 특수 분말이 들어 있다고 한다. 이미 극지와 북미의 최고봉인 데나리산에서는 오래전부터 시행되어 온 방법이다. 모든 동물은 먹는 대로 배출하게 되어있고 그중 인간의 배설물이 가장 더럽다고 한다. 잡식성인 데다 가공할 대식으로 이 지구에 끼치는 해악은 이루 말할 수가 없다. 등산을 하는 사람들이 최소한의 칼로리만 섭취하고 오고 갈 때까지의 기간을 유지한다면 좋으련만, 고산 준봉에서 동네의 뒷산까지 그런 등반인은 많지 않다. 에베레스트는 갈수록 더 오염되고 더럽혀질 것이다. 1953년 5월 힐러리와 텐징의 첫 정복이 있는 이래로, 백 년이 지나지 않았지만 수천 년 동안 지켜 오던 신성을 망가뜨리기엔 충분한 시간이었다. 인간이 찾아감으로 말이다.

01:21
나는 지구별의 최상류층이다.

아주 옛날에 '서울은 만원'이라는 소설 제목이 회자된 때가 있었다. 우리의 서울은 이미 천만을 넘긴 지 오래이지만, 기이하게도 대한민국의 인구는 이제 줄어들면서 해가 갈수록 가파르게 절벽을 달릴 예정이라고 한다. 실업자가 너무나 많은 현실에서 인구가 줄면 좋지 않겠나 라는 단세포적인 생각이 드는 순간도 있다.

지구의 인구는 80억이라고 한다. 40억에서 80억이 되기까지 불과 백여 년이 걸리지 않았다. 지구의 인구는 점점 불어날 것인가? 인구가 더 불어나서 좋은 것인가? 우리들은 알 수 없으나 여기 흥미로운 통계가 있다. 인구 80억을 100명으로 압축해서 지구의 삶의 질을 통계로 내놓은 것이다. 이 통계와 꼭 같지는 않겠지만 나는 몇 번이나 읽어 보면서 고개를 끄덕였다.

100명 중 11명은 유럽에 살고, 5명은 북미에 있으며, 9명은 남미에 살고, 15명은 아프리카인이며, 60명은 아시아 사람들이다. 100명 중 49명은 시골에 살고 51명이 도시에 거주한다. 77명이 자기 집을 가지고 있으나 23명은 집이 없다. 21명은 초기만의 영양 과잉이고, 63명은 배부르게 먹고살지만, 15명은 영양실조에 허덕이고 있다. 그리고 1명은 마지막 식사를 먹었지만 다음 식사는 없다. 48명의 하루 생활비는 미화 2달러 미만이며 87명은 깨끗한 식수를 마시지만, 13명은 오염된 물을 마시고 있다. 75명은 휴대전화가 있고, 25명은 아예 없다. 30명은 인터넷 접속이 가능한 생활권이지만 70명은 온라인 접속이 불가능하다.

7명이 대학 교육을 받았으나, 93명은 대학에 다니지 않았고 83명은 글을 읽을 수 있지만, 17명은 문맹이다. 26명은 14세 미만에, 66명은 64세 전에 사망하고, 8명이 65세 이상 산다. 자기 집이 있고 언제나 식사가 가능하며, 깨끗한 물을 늘 마시고, 휴대전화를 가졌으며, 인터넷을 할 수 있다면, 아주 극소수의 특권층에 있는 것이다. 전 세계 100명 중, 오직 8명 만이 65세를 넘겨 산다. 지금 나를 대입해 보면 놀라운 충격이다. 나는 깨끗하고 모든 문화 혜택이 다 있는 집에 살며 냉장고에 먹을 것이 언제나 있고, 생수를 마시며 수백만 원짜리 핸드폰을 쓰고 원할 때마다 인터넷을 할 수 있다. 겨울엔 보일러로 따뜻하고 여름엔 시원한 에어컨을 언제라도 쓴다.

 글을 알고 풍부한 지식이 있고 의료 혜택을 받으며 살고 있다. 그러나 내가 부자인가? 우리나라의 거의 대부분의 사람들이 나처럼 산다. 나는 오히려 가난한 축에 속한다. 그러나 이 공식에 대입해 보면 나는 이 지구의 최상위층에 속해 있다. 이 지구별의 사람들이 얼마나 다양한 환경에서, 다양한 고통 속에 살아가는지 이 통계만 봐도 알 수 있다. 이 글을 읽는 독자들 대부분 지구별의 최상류층이라는 말이다. 놀랍지 않은가? 인간은 자신의 불행이나 부족함에 말할 수 없는 연민을 스스로 가지는 유일한 동물이다. 그래서 질투라는 감정은 형제간에도 존재하게 되고, 탐욕은 끝없이 확대 재생산된다. 자족할 줄 모르는 인간의 탐심이야말로 인간이 가진 가장 지독한 무기이다.

 이 통계는 많은 것을 생각하게 하는데 숫자를 80억으로 돌려서 휴대전화기의 계산기로 해보니 더욱 크게 다가오는 것이 있었다.

 이 지구에 태어난 사람 중에 나는 정말 운이 좋은 사람이구나... 같은 시간대에 같은 하늘 아래 살고 있으나, 얼마나 많은 지구인들이 영구히 벗어나지 못하는 생태적인 고통 속에서 사는지를 알게 해 주었다. 나라는 존재는 탄소에서 다이아몬드가 만들어지는 시간보다 더 어려운 확률 아래서 이 땅에 태어나,

인간으로서의 존엄을 망치지 않고 살고 있다는 감정. 그 감정이 자족감으로 감사해야 하는 것임을 말하고 싶다. 나는 나이 들고 많이 아프고 가진 것도 없다. 그러나 현재 지구별에서의 내 삶은 최상류층이다.

01:22
신성한 산에 신성이 사라졌다

　이 한강토는 산악 국가이며 백두대간의 정맥에서 탄생한 산들이 정산을 이루고 있다. 정산이라 함은 신령한 산이라는 뜻이다. 이 국토의 어느 산이나 신령하지 않은 산이 없지만, 그래도 이름도 아름다운 백두산에서 시작되어 지리산으로 끝나는 백두대간의 산맥들은 말 그대로 우리의 정기이다. 그래서 일제강점기에 일제는 그 정기를 끊기 위해 이 땅의 산맥을 헤집어 혈마다 쇠징을 박았다.

　지구별의 모든 나라마다 그런 산이 존재한다. 사랑하고 숭배하기까지 하며 마음의 지주가 되는 산이 있다. 히말라야산맥은 그 산줄기가 이어지는 나라들의 신성한 존재이며 그중에서도 초모랑마는 영원한 신성의 존재, 어머니이다. 그 어머니의 이마와 얼굴이 인간들로 인해 신성이 사라져 가고 있다. 지금 초모랑마, 우리들이 말하는 에베레스트는 세 가지의 오염으로 끝없이 추락하고 있다. 시체와 똥과 쓰레기. 똥 문제는 뒤늦게라도 해결할 방안을 찾았으나 그것도 미봉책에 지나지 않는다.

가장 큰 문제가 온 산에 널브러진 시신들이다. 해발 8,848m의 에베레스트 등반은 산악인들의 꿈이라고 할 수 있다. 해마다 시즌이 되면 수많은 등반가가 정복을 목적으로 에베레스트로 향하는데 지상 최고의 산에 가면서, 자신이 그 산에 영원히 머물게 될 거라는 생각은 애초에 가지지 않는 듯하다. 최초 등정 성공 이후 약 5,000여 명이 이 산에 올랐고, 그중에 정상 부근에서만 사망한 사람이 300명 정도라고 한다.

최고봉 정복을 앞두고 결국 목숨을 그곳에 바친 셈이다. 그러나 과연 에베레스트는 이 죽음을 기꺼이 할까? 한강토에서는, 신성하다고 여기는 산에 무덤조차도 만들지 못하게 했었다.

에베레스트에 오르려다가 죽은 등반가들이 주검을 그곳에 남길 수밖에 없는 이유는 시신을 옮기는 것이 살아있는 사람의 이동보다 몇십 배는 어렵기 때문이다.

항상 눈 폭풍이 몰아치고 높은 고도로 인해 산소가 부족한 산에서, 정상을 찍고 바로 하산을 해야만 그나마 목숨을 보전할 수 있다. 그럴 때 동료의 사고나 안전을 돌봐줄 여력이 없기 때문에 그대로 놔두고 내려올 수밖에 없다. 비정하지만 함께 죽을 수는 없기 때문이다. 고지를 바로 앞에 둔 조급한 마음이 사고를 불러일으키며, 무리해서라도 오르면 그것이 바로 영원의 붙박이가 되는 직진이 되는 것이다. 정상 정복이라는 이 욕심 앞에서 자신과 팀의 안전을 먼저 생각하지 않는다고 어느 산악인은 고백했다. 평생 다시는 못 갈 산이기에 그 족적을 남기는 것이 그 순간엔 필생의 목적이 되어버리는 것이다. 인간의 그런 가열한 욕망이 인류사 발전의 기초가 된 것은 부정할 수 없다. 그러나... 너무나 안타깝다. 어찌하여 그렇게 올라야 하며 어찌하여 그렇게도 자연에 대해 오만한가?

　이 비극적인 주검들이 아이러니하게도 뒤에, 산에 오르는 등반가들에게 영원한 표식이 되고 있다. 가장 유명한 것은 '초록 부츠'라고 불리는 시신이다. 1996년에 조난당한 이 시신은 눈에 띄는 선명한 초록 부츠를 신고 있어서 이렇게 불리며 등반가들의 이정표 구실을 하고 있다. 그 외에도 주검의 옷 색깔, 죽어 있는 자세 등이 별칭화 되어 일종의 표식이 되었으니 너무나 기가 막힌다. 이렇게 시신을 수습하지 않고 놔두는 가장 큰 이유는 악조건의 기후와 엄청난 비용 때문이다. 한 구의 시신을 옮기는 비용이 때로는 수억까지 들고 인원들도 대여섯 명이 움직여야 한다. 얼음과 합체되어 있는 시신을 떼어내는 과정은 목숨을 건

위험한 대장정이다. 100kg이 넘는 시신을 가장 힘든 곳에서 옮겨 오기란 사실 불가능에 가깝다고 봐야 한다.

정상 부근에는 헬기도 접근할 수 없는 곳들이 많다. 빙벽의 크레바스에 추락한 사람들은 그대로 영원히 냉동 박제되어 그 흔적도 보이지 않는다. 2015년이 에베레스트 등반 역사 중 가장 많은 사람이 사망한 해로 기록되고 있는데 눈사태로 인해 13명이 죽었기 때문이다. 한 해 평균 6명이 죽는데, 2023년도 역시 엄청난 재앙의 해로 기록되고 있다. 12명이 사망하고 5명이 실종되었으니 사망으로 확인되면 등반사상 최악의 해가 된다. 몇 년 전에 영국 BBC가 조사를 실시했을 때, 남쪽 산악지대에 최소 200구 이상의 시신을 발견했다고 보도했다.

그야말로 에베레스트가, 보이는 공동묘지가 되어가고 있는 것이다. 그래서 셰르파들의 근심이 커지고 있다고 한다. 산악 국가에서 태어나 가이드가 직업이자 이름이 되어버린 셰르파족을 비롯한 네팔인들은, 산신이 거하는 신성한 산에 시체가 있는 것을 용납하지 않기 때문이다. 신성한 산의 분노가 언제 폭발할지 두려움으로 산에 오른다고 하니, 그저 그악스러운 인간의 욕망에 소름이 돋는다.

PART 2.
지금 실행하지 않는다면

02:01

생태 환경 복원을 위하여

요즘의 뉴스를 보면 재난에 관한 내용이 그 어느 때보다 살벌하리만큼 무섭다.

특히 인도를 비롯한 아랍 여러 나라들의 폭염으로 인한 사망 소식은, 공포에 빠지게 할 정도로 끔찍하다. 화염지옥이 지구에 도래한 듯한 뉴스와 또 직접 겪는 더위는 우리의 상상을 초래한다. 그래도 우리나라는… 그러나 언제까지나 그대로일지는 아무도 모른다. 지구는 완벽한 시스템으로 움직이는 살아있는 유기체라고 할 수 있는데 병든 것일까? 누구나 쉽게 병든 지구라고 말하는데, 이 병에 대해 누구의 책임이 가장 큰 것인지 이제 모르는 인간은 없다. 우리는 책임 없어!로 일관하던 사람들도 마치 쓰나미가 내

앞마당에 닥치는 듯한 위기를 바로 겪으면서 내가 지구에 무엇을 저질렀는지를 깨닫게 되었다.

우리나라 속담에 7년 가뭄에 비 안 내린 날이 없었고, 3년 홍수에 볕 안 든 날이 없다는 말이 있다. 우리의 선조들이 얼마나 현명한 사람이었는지 이 속담 하나만 봐도 알 수 있다. 어느 곳에 비가 내리면 어느 곳은 맑음이고, 어디에 홍수가 나면 또 다른 곳은 가뭄이 든다. 우리의 조상들은 그런 순환의 이치를 알았던 사람들이었다. 지구의 대기는 그런 움직임에 의해 순환되었으며 유지되어 왔다. 이 정교한 시스템이 언제부턴가 망가지기 시작했고 정신을 차려 보니, 우리는 낭떠러지에 서 있는 형국이 되어 버렸다.

이대로 떠밀려서 낭떠러지로 떨어져 다시는 회복될 수 없는 지경까지 갈 것인가? 임계점을 지나긴 했으나 언제나 희망은 존재하고 지구별은 빈사에 이르렀지만 반드시 회복될 수 있다. 희망 고문이 아니라 우리, 나의 행동에 달려 있다.

우리는 이 시점에서 자신에게 물어보자. 지금 나는 지구의 환경 회복을 위해 무엇을 할 수 있나? 너무나 막막할 것이다. 대체 내가 할 수 있는 일이 무엇이 있단 말인가? 그러나 지금까지 무심코 하던 모든 행위와 행동들을 한 번만 돌아보면 답이 나온다. 거창하고 원대한 것이 아니라 내가 안 하고, 안 버리고, 참여하고, 실천하면 된다. 우리에겐 그런 역량이 내재하고 있다. 왜냐하면 지구라는 모태에서 태어난 지구별의 아들딸이기에 말이다.

그래서 작은 것이라도 실천하면 어느새 큰 것을 이루게 된다. 지금 내가 서 있는 이 땅에서 내가 먼저 하면 된다. 저 멀리 있는 아마존의 방만한 벌채를 걱정하고, 그 마음들이 엮어지면 새로운 기적이 이루어진다.

수개월을 불타올라 초토화된 처참한 숲은 말하고 있다. 이 땅에 작은 나무를 심으라고. 이젠 안 돼가 아니라 지금 바로 네 손으로 작은 나무를 심으면 된다고 말하고 있다. 그 나무 한 그루가 이윽고 울창한 숲이 되고, 숲은 생명의 근원이 되어 지구의 생명들을 살게 하는 힘이 될 것을 간곡하게 말하고 있다. 완전히 타버려서 버려지는 땅이 아니라, 대지의 숨결은 그 아래 이어지고 있음을 우리에게 쉼 없이 알려주고 있다. 우리가 할 일은 그 메시지를 마음으로 듣는 일이다. 듣고 행동하면, 기후변화와 환경파괴의 영향으로 터전을 잃고 멸종되는 생물을 보호하게 되고, 유해 중의 번식으로 다양성과 안정성을 위협받는 동식물을 보호, 서식지 복원이 진행된다. 내가 심는 나무 한 그루의 덕분이다. 생물 다양성 보전을 위해 지금 내가, 황폐해진 땅에 작은 나무 한 그루를 심는 일은 지구 환경 보전의 위대한 시작이다.

환경에 지대한 영향을 주는 인간의 모든 행위로 발생하는 오염을 줄이는 정화 활동과 제로웨이스트 캠페인을 지속적으로 진행하는데 그것 또한 내가 하면 된다.

내가 한 번 줄이면 80억 분의 오염이 줄고 내가 비닐 하나를 덜 쓰면 80억 개의 플라스틱을 안 쓰게 된다. 내가 지금 지속적인 환경정화 활동과 지구 환경 회복을 위해 작은 것을 한다면, 그것이 곧 전 세계를 잇는 네트워킹이 된다. 나의 움직임이 지자체를 움직이고 정부와 기관들의 연계가 되어 실질적인 정책 설루션을 만들게 된다. 내가 어떻게 해?가 아니라 내가 지금 하는 것이 지구 환경 복원을 위한 국제적 연결의 고리가 됨을 알게 된다.

생태 환경 복원이다. 80억의 '나'가 움직일 때 지구 환경은 회복되고 인류는 지속 발전 가능한 삶을 살게 될 것이다.

02:02

제로 웨이스트 운동

　제로웨이스트의 뜻을 대번에 안다면, 당신은 요즘 용어로 매우 긴박한 사람이고 또 멋있는 삶을 지향하는 사람이라고 칭찬해 주고 싶다. 제로웨이스트는 말 그대로 폐기물이 전혀 발생하지 않는 것을 말하는 것이다. 우리의 지구별에서 삶을 영위하는 수많은 종 가운데 인간처럼 많은 폐기물, 즉 재생산되지 않는 쓰레기를 배출하는 종은 없다. 태어나는 순간부터 사용하게 되는 종이 기저귀에서, 죽는 순간에 팔에 꽂혀 있을 링거병까지 인간은 쓰레기를 무한 배출하는 종족이다. 먹고 자고 움직이는 모든 행위에서 쓰레기가 발생하고 현재, 지구는 그 고통으로 피 흘리며 신음하고 있다. 불과 백여 년 전만 해도 인간 또한 완벽하게, 자연 순환적이고 친화적인 라이프를 영위하면서 쓰레기라는 말조차도 낯설었다. 인간이 먹고 입고 쓰는 것은 거의 자연으로 되돌아갔고, 죽음마저도 자연에 흡수되어 자양분이 되었다.

그러나 지금 인간의 삶은, 지구의 모든 순환 기능을 망쳐 놓았고 기어이 멸망의 초시계를 움직이고 말았다. 세계 곳곳에, 한국에도 낯설지 않은 싱크홀의 발생과 엉망으로 제멋대로인 날씨의 변화, 그로 인한 재앙은 해마다 더해지고 있다. 전 세계에 유행병처럼 번지고 있는 기이한 대형 산불이 징조임을 이제 모르는 사람들이 있을까? 인간이 마구 쓰고 낭비하는 물은 고갈되고 있고 사막화의 진행은 놀랍기만 하다. 극지방의 빙하는 아이스크림처럼 녹아내리고, 태평양에 있는 섬나라들과 아시아 섬 지방들의 해수면이 점차 높아지고 있다. 이 모든 재앙의 시작이 폐기물이라고 한다면, 대부분 아니라고 고개를 저을 것이다. 그러나 인간이 너무나 가볍게 버리는 쓰레기가 지구의 순환을 막고, 숨통을 조여 오고 있다. 그나마 의식 있는 사람들이 녹색 운동을 비롯해서, 자연 회복 운동에 안간힘을 쓰고 있다. 그러나 그런 것들과 제로웨이스트 운동은 아주 다르다.

애초에 폐기물을 만들지 않는 것, 불과 백여 년 전의 우리 선조들처럼 지구에 쓰레기라는 암 덩어리를 만들지 않는 것이 제로웨이스트다. 사람이 만든 모든 물건은 폐기되지 않고 재사용되거나 다른 것으로 가공되어 쓸 수 있어야 하며, 포장지나 자재들도 원래의 것으로 환원해서 쓸 수 있도록 하는 것이다. 아니면 썩거나 분해되어 대지에 흡수되어 이윽고 사라져야 한다. 어떻게 그럴 수 있어? 하고 외면한다면 우리에게 미래는 없다. 이 운동의 핵심은 대규모의 모임이나 많은 인원을 동원해서 움직이는 것이 아니라 내가, 내 가족이 실현할 수 있는 일을 하는 것에 그 의미가 있다. 내가 먼저 쓰레기를 만들지 않기 위해, 신중하게 소비 생활을 시작하는 것이다. 코비드의 유행 이후, 배달 음식의 증가로 인한 일회용품의 사용은 심각한 수준을 이미 넘어서고 있다. 한 가족이 먹을 음식을 배달시켜서 배출되는 쓰레기의 양을 제대로 치워 본 사람이라면, 아무리 둔감해도 걱정이 될 정도로 어마어마하다.

    그것이 또 공짜인가? 음식의 가격에 이미 다 포함되어 있어, 먹는 사람은 버려야 할 쓰레기를 돈 주고 사 오는 셈이다. 이런 악순환이 계속되어 간다면 다음 세대를 걱정하기 전에, 이미 우리는 폐기물의 공습에 두 손을 들어야 한다. 내가 먼저 쓰레기를 만들지 않는다는 결심을 하고 나는 실천하는 것이 있다. 장을 보러 갈 때 장바구니를 가져가서 비닐을 받지 않는다. 신문지를 몇 장 가져가면 흙이나 뭔가가 묻은 것을 싸서 넣기에 좋다. 그러나 이미 식품의 대부분은 비닐봉지에 소분되어 있어, 내 의지와는 상관없이 비닐을 가져오게 된다. 배달 음식을 시킬 때 발생하는 그 많은 일회용품이 싫어서 가급적 시켜 먹지 않지만, 꼭 필요할 때는 직접 사러 간다. 손님이 예약할 때 생선회를 주문하면, 나는 접시와 작은 밀폐 용품을 몇 개 가지고 가서 거기에 담아 달라고 한다. 처음엔 난감해했으나 횟집에서도 뭔가 조금 더 주는듯하다. 족발이나 치킨, 짬뽕 국물도 이렇게 사 오는데 나는 무척 만족한다.

나 혼자 안 쓰고 노력하면 무슨 소용이랴 하지만 모든 것은 나에게서 시작된다. 제로웨이스트 운동이 시작된 것은 1998년인데, 이론에서 실천으로 옮겨지면서 공동체 활동도 활발해지고 있다.

원래 이 용어는 생활 폐기물을 관리하는 것에서 시작되었지만 지금은, 제로를 지향하는 폐기물이란 뜻으로 완전히 정립되었다. 브라질에서 시작되어 지금은 전 세계의 의식 있는 사람들이 실행하고 있다. 물론 반대의 목소리도 만만치 않다. 상업의 거대한 카르텔은 소비가 미덕임을 내세우고 목적으로 삼고 있어 계속 사용을 재촉하고 있다. 이미 일회용품은 인간 사회의 필수 불가결한 용품이 되었고, 그 외 많은 물건이 일회용으로 사용하고 재사용이 불가능하다.

그럼에도 우리는 할 수 있는 것을 해야 한다. 내가 안 써도 다른 사람이 쓴다가 아니라 내가 안 쓰면 그만큼 좋아진다가 되어야 한다. 그렇게 노력하건만 쓰레기봉투는 가득 차고 길가의 가로수 밑엔 매일 폐기물이 쌓인다. 밤마다 그것을 보며 집으로 가는 마음이 돌덩이이다.

02:03

탄소 중립을 정확하게 알자

요즘 전 세계의 화두 중의 하나가 탄소중립이란 말이다. 대부분이 이 뜻을 제대로 모르면서 사용하기도 하고, 진심으로 염려하며 지구의 온난화를 막기 위해 노력하는 많은 사람이 있다. 그러나 정확하게 말한다면 탄소중립이 아니라, '온실가스의 감소 확립'이라는 말을 쓰고 그것을 위해 우리는 노력해야 한다. 원래의 탄소는 공해의 주범이 아니라 인류 생성의 아이콘이다. 그러나 인류의 무분별한 자원 낭비와 여러 가지 유해 물질의 지나친 배출로 인해, 이젠 없어져야 할 물질이 되고 말았다. 하지만 유용한 탄소는 인류에게 반드시 필요한 물질이다. 과잉 수급으로 인해 억울한 누명을 쓰고 있는 셈이다. 무분별한 생산으로 인해 생기는 온실가스가, 말 그대로 지구 표면적을 더워지게 하기에 재앙이 되어 버린 것이다. 지구의 온도가 올라가서 표면적이 더워지게 되는 것이 무슨 문제일까?

지구상의 생물의 70% 이상은 지구의 땅을 밟고 살고 있고 가장 광범위하게, 가장 많이, 가장 지독하게 땅을 이용해 먹는 존재가 바로 인류라는 종족이다.

지구의 지표면이 0.5도 더워지는 데 수천 년이 걸렸는데, 이 세기에 들어서서 불과 백여 년 만에 1도가 치솟아버려서 현재 지구온난화 현상이 생겼다. 이 징조는 이미 수십 년 전부터 엘니뇨현상 등, 여러 가지 이상 기온으로 우리에게 와 있었다. 인간들이 철저하게 무시했을 뿐이다. 지구의 이상기후는 언제나 있어 온 것으로 그것이 언제나 되풀이되고 있을 뿐이라고, 태평천하였다. 그중에서 가장 무서운 사건이 물의 부족이라는 것을 인식하는 사람들이 얼마나 될까? 지구는 물의 행성이라고 할 만큼 물이 풍부했으나, 지금 전 세계의 대부분 사람이 물 부족으로 힘들어하고 있다.

금수강산이라고 불리던 한강토 역시 오래전부터 물 부족 국가에 속해 있다. 문서상으로 명시되지는 않았으나 곧 말 그대로 물 부족 국가로 찍힐 날은 멀지 않았다. 물은 이 세상의 유일무이한 존재이고 인간은 스스로 단 한 방울의 물도 만들어내지 못한다. 오로지 자연의 대기만이 만들 수 있고, 인간들은 그것을 마음대로 차용해서 쓰고 있는 것이다. 우리가 갈증을 느끼게 되는 것은 무엇 때문일까? 몸에서 물이 2% 부족하면 갈증이 난다. 인간은 생물 중에서 가장 많은, 신선한 물을 끊임없이 마셔야 하는 존재이다. 그럼에도 가장 많이 물을 오염시킨다. 매일 사용해야 하는 생활하수가 가장 물을 오염시킨다. 합성 계면활성 세제는 100% 석유에서 만들어지는데 그 오염의 정도는 상상 초월이다. 20세기는 블랙골드의 시대, 즉 검은 석유가 돈이 되는 시대였다. 석유가 금력이고 권력이었다. 그러나 이제 21세기는 블루골드의 시대, 즉 물의 시대이다. 얼마나 많은 수자원을 보유하고 있는 가로 값어치를 달리하는 시대가 되었다는 말이다.

기후변화의 가장 큰 원인은 지구인들의 에너지 사용에 있다. 아직까지도 전기의 원천 에너지가, 60%의 전기발전은 화력발전소에서 나오고, 30%의 전기발전이 원자력 발전소에서 나오는 우리나라의 현실에 비추어 보아도 알 수 있다.

나머지 10%가 수력이나 풍력, 태양광으로 이루어지고 있으니 우리가 얼마나 화력 발전에 의지하고 있는지를 깨달아야 한다. 화력발전소는 온실가스의 배출로 인해 지구 온난화의 주범이다.

기후 재앙, 기후 위기는 현재 우리가 절대 필요로 하는 것에서 비롯되고 있는 것이다. 그래서 계속 이렇게 사용하면서 어쩔 수 없다고 해야 하는 것일까?

지난 백 년간 약 1도가 상승했고, 1.5의 온도는 티핑포인트이다. 0.5도가 더 올라가면 인류에게 어떤 재앙이 닥칠지 지금 그림이 선명하게 그려진다. 이 온도가 올라가지 않기 위해 인류는 죽을힘을 다해야 한다. 그중의 하나가 식재료의 변화이다.

소처럼 위가 여러 개 있는 동물을 반추동물이라고 하는데, 지구인의 소고기 사랑은 온실가스를 배출하는 데 지대한 공을 세웠다. 소가 소화를 하면서 내뿜는 메탄이 온실가스의 하나이기 때문이다. 살리기 위해서가 아니라 오로지 인간의 미각을 위해서, 땅과 목초를 해치면서 키우는 소에 대해 생각해 보아야 한다. 인류가 이렇게 고기를 마구 먹어 치우고 고기를 먹기 위해 곡물과 땅의 손실을 만든 적은 일찍이 없었다. 일인이 수십 인분의 소고기를 먹어 치우는 모습에 환호하는 사람들이 계속되는 한, 온실가스의 감소는 요원하다. 나 하나쯤이야라고 말하지 말라! 무엇이든지 나의 실행으로 세계는 바뀐다. 지구별은 나의 모태, 영원한 우리의 행성이다. 이 행성이 지금 신음하고 있다. 인천 시민 일인의 온실가스 배출량은 현재 연 21.5톤 정도라고 한다. 지금부터라도 한 사람이 1톤씩이라도 줄여간다면, 지구는 반드시 회복된다.

02:03

탄소중립을 지금 실천하지 않는다면

요즘 화두 중의 하나가 탄소중립이다. 은행의 캐시 코너에 가도 자판의 메시지에 탄소중립 적립 어쩌고 하는 내용이 있다. 탄소중립이란, 한 마디로 지구상의 모든 이산화탄소를 비롯한, 지구상에 배출되는 모든 온실가스 배출을 제로로 만들자는 말이다. 온실가스란 지구의 온도를 데워서 기온을 올리는 물질이기에 온실이란 말을 사용한다.

인간을 비롯한 포유류와 동물은 산소를 마시고 이산화탄소를 배출한다. 그 이산화탄소의 농도가 짙어지고 대기 중에 많아지면, 다른 물질들과 섞여서 온실가스가 되는 것이다. 그러나 실은 인간이 일생 중에 배출하는 탄소의 양은, 일정 그루의 나무가 있으면 해결할 수 있다.

하지만 그 외 인간이 만든 모든 물건과 음식을 만드는 과정, 발전하는 산업의 모든 과정이 탄소를 배출하고 있다. 습관적으로 만지고 수없이 주고받는 컴의 메일조차도 탄소를 배출하고 있다. 인간들이 배출하는 탄소를 흡수하는 존재가 나무이고 숲이며 산림이다.

그래서 아마존의 산림을 지구의 허파라고 부르는 것이다. 그런데 왜 나무는 탄소를 필요로 하는 것일까? 나무의 광합성은 생장에 가장 중요한 일인데 그 광합성을 만들어 주는 요인이 물, 햇빛, 흙, 그리고 바로 탄소이다. 나무가 인간에게 끝없이 이로운 존재가 되는 가장 큰 이유이기도 하다. 한 그루의 소나무가 30년을 산다면 그 일생동안 흡수하는 탄소의 양이 10톤이 넘는다고 한다.

도심에 숲이 가득한 공원이 반드시 필요한 이유가 여기에 있다. 그러나 우리는 그 나무를 말할 수 없이 어처구니없게 죽여서 허비하고 있다. 하루가 멀다고 우세함에 쌓이는 우편물의 대부분은, 정말 쓸데없는 광고물과 각종 고지서 등이다. 거기에 쓰이는 종이가 바로 나무이고, 거의 읽지도 않고 버려지는 것을 볼 때, 너무나 참담한 현실이다.

커피 한 잔 마시고 바로 버려지는 종이컵의 양은 우리나라만 해도 어마어마하고 종이 그릇은 또 어떤가? 우리는 대체 언제부터 이렇게 살게 되었을까?

내가 지금 버리는 종이의 양을 생각해 보면 가슴이 서늘해진다. 태어나서 나는 몇 그루의 나무를 심었나 생각해 보니 식물을 참 좋아하는 나도 지금까지 제대로 숲에 식수한 나무는 몇 그루 되지 않는다.

그저 내가 사는 주변에 늘 화초를 심고 마당 넓은 집에 산다면, 나무를 많이 심고 싶다는 마음으로 살고 있다. 나무가 내어주는 모든 것이 인간에게 얼마나 많은지 사람들은 모른다. 우리나라의 탄소 배출량은 세계 7위라고 한다. 2019년 기준인데 현재도 거의 마찬가지라고 할 수 있다. 탄소중립을 위한 세계 기구에도 협약했고 환경을 걱정하는 사람들도 많아졌으나 탄소중립은 요원하기만 하다. 2000년 이후 전 세계에서 일어나는 거대한 산불과 허리케인, 토네이도 등, 그 엄청난 규모와 지속적인 발생이 기후 변화의 보복임을 이젠 어느 정도 알고 있다. 모든 것을 초토화하는 재난 재해는 예전에 드문 것이었으나 이젠 일상이 되고 지역을 가리지 않는다.

우리나라의 기후가 아열대 기후로 바뀌고 있는 것은 모두가 알고 있는 사실이다. 사계절이 뚜렷한 금수강산은 이제 흘러간 옛 노래이며, 여름의 스콜 현상은 신기하지도 않다. 이 모든 것을 무심히 넘기고 지금 하고 있는 행동들을 그대로 한다면, 지구의 온도는 이제 티핑포인트를 향해 가속이 붙을 것이다. 이 지구는 대체 불가능한 인류의 유일한 집이고 생존자이다.

공상과학 영화의 수많은 행성 탈출과 피난 행성은 없다. 왜냐하면 지구의 현재와 미래는 하나로 이어져 있으며, 이 현재가 사라지면 또 다른 과거와 미래도 소멸되기 때문이다. 우리가 죽어 건너갈 다른 세상도 사라진다는 말이다. 우리의 혼과 백은 오로지 이 지구에 속해 있기 때문이고, 지구의 소멸은 모든 원소의 소멸이다.

02:04
아들은 지구별을 위해서 무엇을 할까

　나는 아들과 함께 사는, 아주 단출한 가정을 이루고 있다. 그러나 함께 식사를 하는 경우는 극히 드물고, 몇 년 전부터는 아들이 자기 먹을 것은 스스로 해결하고 있다. 내 걱정과는 다르게 음식물 처리도 대단히 청결하게 하고 분리수거도 잘하는 편이다. 다른 것은 잔소리를 안 하지만 내가 분리수거에 까칠하다는 것을 알기에, 분란이 싫어서 조심하는 듯하다. 주방에서 연결된 베란다를 다용도실로 이용하고 있는데, 보일러도 있고 세탁기와 청소 도구가 있다. 그 외 네 종류의 수거용 봉투가 놓여 있는데 두 종류는 돈을 주고 구입하고, 두 종류는 주민센터에서 얻어 온다. 주황색 봉투는 입지 않은 옷들과 생활 속 작은 물건들을 넣고, 종량제 봉투는 일반의 모든 쓰레기를 넣는다. 주민센터에서 가져오는 봉투를 분리해서 하나는 빈 병만 모으고, 또 하나는 종이를 비롯한 재활용품을 넣는다.

나는 내가 쓰는 물건의 대부분을 가게로 배달하거나 택배를 받아 분리해서 집으로 옮기기 때문에, 실상 내가 집에서 내어놓는 쓰레기는 별로 없다. 그런데도 20리터 쓰레기봉투가 일주일이면 가득 차고 재활용품을 모으는 두 봉투도 거의 열흘이면 내놓았다. 아들은 흡연자여서 담배로 인한 쓰레기와 휴지를 쓰는 양이 굉장히 많다. 혼자 쓰는 크리넥스 한 통이 일주일을 넘기지 못하고 화장실 휴지도 많이 쓴다. 주변을 닦는 것은 무조건 살균 행주라는, 일회용 물수건을 쓰기에 굉장히 많이 배출한다. 주방에서 쓰는 것만 해도 일회용 살균 행주, 키친타월, 바닥용 청소로 일회용 비닐봉지에 일회용 비닐장갑 등이다. 얼굴과 손을 닦는 물휴지, 바닥청소용 청소로도 따로 쓰고, 나는 화장을 지우는 물휴지가 또 따로 있다. 배달 음식에서 나오는 그릇은 그 종류가 얼마나 많은지 신기할 정도다. 그 외 생수병, 일회용 컵과 소주병과 맥주병들..

과자도 가끔 먹는데 그 봉지 하나의 크기가 참 놀랍다. 실제로 그 안에 들어 있는 양은 얼마 안 되는데, 봉지 몇 개면 쓰레기봉투가 불룩하다. 아들은 필요한 것들을 인터넷을 통해 주문하는데, 왜 그렇게 많은 박스와 종이와 용도를 알 수 없는 뽁뽁이들이 나오는지 모르겠다. 단 두 식구가 살면서 나오는 모든 쓰레기의 양을 보면서 어느 날 숨이 막힐 뻔했다. 잘 사는 집도 아니고 식구도 없는데, 이렇게나 많은 양의 쓰레기를 배출하는 이유가 대체 뭘까?

절약하기 위한 방법은 걱정했지만, 환경에 관해 공부하고 알아가면서 전혀 다른 면에서 쓰레기의 배출을 진심 궁리하게 되었다. 뭘 줄여야 하는 것인지 처음엔 감도 안 잡히고 나름 고민을 많이 했다.

제로웨이스트 공부를 하면서, 가장 확실한 방법은 쓰레기를 만들지 않는다는 것이었으나 그것이 쉽지 않다. 현대인은 사는 것 자체가 쓰레기를 배출하게 되어 있으니 말이다. 분리수거에 한 걸음 앞서, 생활에서 많이 나오는 쓰레기를 줄여 볼 것을 결심하고 하나하나 실천했다. 먼저 각종 물휴지 줄이기. 화장을 지우는 것은 세안으로만 하고, 습관적으로 새것을 뽑아 쓰던 것들을 주의하면서, 물걸레 청소도 청사포 대신 수건을 잘라 끼워서 쓰고 있다.

나는 집에서 아무것도 배달시켜 먹지 않지만 아들은 자주 시켜 먹는데, 한 가지 간곡하게 부탁했다. 먹을 것만 시키기. 무슨 말인가 하면 족발을 시키면 따라오는 별별 것들이 있는데, 아들은 거의 먹지 않고 그대로 버린다. 짜장면을 시키면 따라오는 단무지와 김치를 아예 손도 대지 않는다. 그것들이 일회용 쓰레기와 음식물 쓰레기가 되어버리니, 엄마가 치우기 너무 힘들다고 몇 번

말했더니 지금은 완전히 달라졌다. 주문할 때 확실하게 먹을 것만 시키고 그렇게 해보니 참 좋다고 어느 날 내게 말했다. 한여름만 생수를 마시고 다른 계절엔 여러 가지 차를 달여 냉장고에 넣어 두고 마시게 했더니 지금은 그러려니 한다. 담배꽁초도 통에 모아서 버리고, 마구 뽑아 쓰던 크리넥스의 양이 상당히 줄었다. 처음에 몹시 신경질을 부리더니 지금은 그렇게 해보니 되는 줄 스스로 깨달아 간다. 아들의 협조로 현재 우리 집의 쓰레기 배출량은 굉장히 줄었다. 스스로 병들만 모아서 다 차면, 새벽에 출근할 때 가지고 나가는데 폐지 할머니에게 준다는 것을 얼마 전에 알았다. 참 고마운 일이다. 나를 위해, 또 지구를 위해. 좀 귀찮기는 하지만 삶의 모든 행동은 다 귀찮음을 동반한다. 귀찮음을 작은 즐거움으로 바꾸는 것이 분리수거의 비결이지 싶다.

02:05

호모 쓰레기쿠스의 고민

　내가 살고 있는 인천은 쓰레기 매립지 문제가 굉장한 난제로 남아있고, 여기에 관계된 사람들의 대립각은 첨예하다. 현재 2025년 사용 종료가 된다고 하는데, 몇 번의 연장으로 이어진 이 일이 과연 제대로 이루어질지 솔직히 의문이다.

　인천뿐 아니라 서울과 수도권의 모든 쓰레기가 인천으로 와서 버려진다고 하니 생각만 해도 기분이 나쁘다. 더구나 2025년 종료가 되긴 하는데, 일각에서는 인천 앞바다에 폐기물 처분장을 조성하는 것을 검토하고 있다니 기가 막힐 뿐이다. 쓰레기 매립지 문제는 모든 인천 시민, 특히 서구인의 가장 큰 스트레스지만 요즘 나는 쓰레기 문제를 심각하게 고민하는 사람이 되었다. 이른바

호모 쓰레기 쿠스가 된 것이다. 이 단어는 내가 만든 것이 아니고, 쓰레기 문제를 고민하는 사람들은 이미 자신을 호모 쓰레기 쿠스라고 말하고 있다.

나는 오래전부터 내가 배출하는 쓰레기에 대해 많은 생각을 했었고, 특히 음식물 쓰레기 문제는 죄의식까지 가지게 했다.

다행히 몇 년 전에 음식물 미생물 처리기를 구입해서, 지금은 버리는 음식물을 비료로 환원해서 잘 쓰고 있어 마음이 흐뭇하다. 단 두 식구인 우리 집에서 배출하는 쓰레기도 만만치 않고, 가게에서 나오는 쓰레기는 양이 많다. 재활용이든, 종량제 쓰레기든 버리러 갈 때마다 산더미처럼 쌓인 쓰레기를 보면 공포감마저 들 때도 있다. 아니 공포 그 자체로 다가와서 냄새와 함께 마음을 졸인다.

내가 배출한 것도 아니건만, 내가 사는 곳 이 작은 단위 안에서 버려지는 쓰레기가 매일매일 너무나 엄청나서 지구별을 생각하면 아찔하다. 어떻게 해야 쓰레기를 줄일 수 있나?

물건을 사지 않고 쓰지 않는 방법뿐인데, 그것은 불가능한 일이고 생활 속에서 쓰레기를 만들지 않는 지혜가 필요하다. 시장에서 비닐봉지를 쓰지 않게 하고 있으나, 거의 지켜지지 않고 있다.

나는 장바구니에 직접 넣고 비닐을 안 쓰는 것을 잘 지키는 편이다. 김밥을 살 때도 용기를 가져가서 담아 오고, 일회용품을 가급적 사용하지 않는 것을 실천하려고 애쓴다. 나 하나 그런다고 뭐가 달라지냐고 한다면, 아니라고 강력하게 말하고 싶다. 나 하나가 시작이며, 나 하나가 전체가 되는 것을 믿기 때문이다. 쓰레기 문제는 이제 절대 묵과할 수 없는 큰 문제이며, 후손의 몫이 아니라 지금 우리의 당면과제가 되었다.

후손들이 걱정할 일이라고 지금 두 손을 놓고 아무런 방책도 마련하지 않는다면 당대에 쓰레기로 인한 엄청난 일을 당할 수도 있다.

얼마 전부터 분리수거를 철저히 하는 것을 새롭게 배우고 실천하고 있다. 번거롭고 힘들지만 베란다에 재활용 수거 봉투를 세 개 설치해 놓고 분류하고 있다. 이것을 어디에 담아야 하는가를 고민하는 것도 나름 재미있다. 우리가 분류만 잘해서 버려도 쓰레기가 지금의 삼분의 일로 줄어든다고 한다.

번거롭다고 말해선 안 된다. 습관이 되면 모든 것이 자연스럽고 순조로워진다. 인간이 지구의 주인이니 마음대로 해도 된다고 말해서도 안 된다. 인간은 지구의 주인이 결코 아니며 세 들어 사는, 그것도 월세살이 하는 존재일 뿐이다. 꼬박꼬박 사글세를 내지 않으면 지구는 참아주지 않고 봐주지 않는다. 월세를 내지 않고 주인 행세를 하는 인류를 참을 만큼 참아온 지구이기 때문이다. 이미 지구의 모든 곳은 인간의 해악으로 망가지고 있으며, 동물들도 병들고 다쳐서 참혹한 죽음을 맞고 있다. 심해 고래의 배 속에 플라스틱이 가득 차서 죽음을 맞는 것은 재앙의 시작이다. 인간의 독성이 얼마나 무서운 건지 지나간 코로나 사태가 잘 보여주고 있다.

팬데믹으로 번진 재난을 피하고자 모든 나라들이 사람들이 오고 가는 것을 금지했고, 여행이며 상업 활동조차 중단이 되었었다. 그 결과 하천이 살아나고, 숲의 나무들이 회복되고 하늘이 제 색깔을 되찾았다. 베네치아의 그 새까만 운하의 물이 맑아져서 물고기들이 헤엄치는 것이 뉴스에 나오는 것을 보면서, 인간들이 이 지구에 끼치는 악영향이 얼마나 큰 것인지를 새삼 느꼈다. 팬데믹이 끝난 것을 공식 선언했고 사람들은 순식간에 해외여행으로 공항들이 미어터진다. 몇 년 동안 그래도 회복이 되어 가던 자연들은 얼마 지나지 않아서 더 큰 고통에 빠질 것이다. 이 악순환의 행진을 계속해선 안 된다. 지금 우리는 이 지구를 잠시 빌려서 살뿐임을 자각하면 의식이 달라진다. 내가 바뀌지 않는 한 아무것도 변하지 않으며 변화해야만 그나마 이 지구에서 숨 쉬고 살아갈 수 있다. 우리의 후손들도.

02:06

고기를 먹는 것의 잔혹함

달걀을 생산하는 닭은 아주 작은 케이지 안에 몇 단이나 포개져서 죽을 때까지 살아간다. 종이 한 장만한 공간에서 그저 달걀만 생산하고 살아가는 스트레스로 인해, 부리로 자기 몸을 쪼기 때문에 아예 부리를 잘라 버린다. 돼지를 대규모로 사육하는 농장에선, 인간이 먹기 좋을 크기로 자라게 하기 위한 방편의 하나로 돼지 꼬리를 자른다. 돼지는 서로의 꼬리를 무는 꼬리물기 놀이를 좋아하는데, 그것을 놔두면 상처로 인한 감염으로 대규모 폐사 상태가 될 수도 있기 때문이다. 그러면 예전의 돼지들은 감염 탓에 다 죽었을까? 대규모 사육이 있기 이전의 가축으로서의 돼지는 스스로 회복이 되었다. 오물이 범벅이 된 상태로 구르고 물어뜯고 피가 났어도 스스로 회복이 되었다. 그러나 태어나기도 전에 이미 모체에 각종 항생제를 투약하고, 사료에 각종 약품이 섞여서 그것을 먹고 살아가는 돼지는 스스로 회복할 능력을 잃어버렸다.

지금 인간이 만들어내는 고기 먹거리의 잔혹한 일면들은 비단 이것으로 끝나지 않는다. 대한민국에 불고 있는 먹방 중에 소고기를 많이 먹어 치우는 각종 먹방들이 대유행하고 있다. 신선하고, 육질이 좋으며, 육즙이 뚝뚝 떨어지는, 선명한 마블링, 꽃이 핀 듯한 꽃등심… 이런 기막힌 말들을 방송에서 아무렇지도 않게 말하는 시대에 살면서 이제 소고기는 고기 먹거리의 갑이 되었다. 불과 몇십 년 전만 해도 일반 서민들은 소고기를 먹는 날이 일 년 중에 그다지 많지 않았고, 먹더라도 그 양이 적었다. 맛내기를 위한 양념으로서의 고기는 잘게 썰어서 한두 숟갈이면 되었고, 채소를 많이 넣은 볶음과 국물 자작한 불고기. 무나 미역을 넣고 끓인 국을 맛있게 먹었다. 수십 명이 먹는 국에도 고기 한두 근이면 충분했다.

모든 사람이 그렇게 소고기를 좋아하지도 않았고 오늘날과 같이 일인이 먹는 양이 많지도 않았다. 소고기 한 근이면 국 끓여 먹고, 볶아서 한 가족이 먹기에 충분했다. 정육점에 고기를 사러 가면, "아저씨, 소고기 반 근 주세요. 국 끓여 먹을 거예요." 말했고, 이 반 근으로 한 끼의 국이 아니라 여러 끼니의 국을 만들어 온 가족들이 맛나게 먹고 소고깃국 자알 먹었다… 그렇게 말하며 행복해했었다. 한 근 달라고 하면 정육점 주인은 집에 손님이 오느냐고 물었던 그런 시대가 불과 얼마 전이다.

인류사에 인간들이 이렇게 소고기를 즐기는 시대는 일찍이 없었다. 돼지고기는 건강에 나빠서 안 먹고 소고기만 먹는다는 사람도 있다. 그러나 당신이 소고기를 매일 먹는 사람이라면, 그대는 지구온난화의 주범이라고 할 수 있다. 소 한 마리가 일 년간 배출하는 메탄가스는 많게는 120kg까지 되는데, 이 양은 소형차 한 대가 일 년 동안 내뿜는 온실가스의 양이다. 현재 전 세계에서 인간들이 먹어 치우기 위해 식육용으로 키우고 있는 반추동물이 배출하는 메탄은 연간 20억 톤 이상이다.

그 수치도 매년 늘어나는 상황이다. 지구를 데우는 것에 커다란 한 축을 차지하고 있다는 말이다. 네이처 기후변화 보고서는 이 지구별의 온실가스 증가의 큰 원인 중의 하나로, 나날이 늘어가는 목축업이라고 밝힌 바 있다. 또 그 가축들을 먹이기 위한 곡물을 재배하기 위해 파괴되는 산림의 피해도 지구온난화에 한몫하고 있다.

공장도, 자동차도, 인간의 다양한 배출도 차도, 소와 같은 반추동물이 내뿜어대는 메탄가스보다도 적다는 사실을 많은 사람들은 모르고 있다. 기후에 부담이 되지 않는 먹거리의 생산이 앞으로의 시대에 얼마나 중요한 이슈가 될지 우리는 지금 짐작도 못한다. 우리 세대에 닥칠지도 모르는 먹거리 위기의 위험성은 이미 임계점을 넘었다. 나와 이웃을 위한 건강한 먹거리는 식물에 있음을 깨닫는 데는 많은 시간이 필요할지도 모른다.

지구별의 그 어떤 것도 자연의 하나이며, 그 자연과의 진정한 화합만이 인류를 지금의 모든 위기에서 구해낼 단초가 될 것이다. 어떤 특정한 자연의 산물을 맛있다는 이유만으로 먹어 치우는 것에 집중한다는 것은 너무나 끔찍한 일임을 각성해야 한다.

02:07

음식물 쓰레기를 자연으로

나는 작은 사랑방을 운영하고 있는데, 예약으로 손님들을 받을 때가 많이 있다. 그럴 때 밑반찬과 찌개 등의 잔반이 제법 나오는데, 버리는 손이 부들부들 떨린다. 아까워서, 등골이 서늘하도록 무서워서 떨린다. 대체 한식은 왜 이렇게 많은 잔반이 나오는 것일까? 아무리 줄이려고 해도 먹지 않으면 잔반이 되어 버린다. 내가 먹을 수도 없고 그것을 다른 이에게 낼 수도 없으니 버려야 한다. 음식물 쓰레기가 된다. 우리가 잔반을 쓰레기라는, 몹쓸 단어로 부르기 시작하게 된 것이 언제부터였을까?

한 세대 전만 해도 각 가정에서는 잔반이 거의 나오지 않았고, 마당에서 기르는 개나 고양이를 주기 위해 일부러 남긴 음식이 있었을 뿐이다. 집안의 어른이 먼저 먹고 남긴 음식은 당연히 식구들이 나누어 먹었고, 심지어 손님들이 남긴 음식도 아이들이 아무 거리낌 없이 먹었다. 식당의 손님들도 요즘처럼 많은 음식을 남기지 않았고, 남은 음식은 다른 사람이 먹음으로 거의 소비가 되었다. 물림상은 우리 식문화의 오랜 전통이었고, 아랫사람들에게 주기 위해 윗사람들은 일부러 맛있는 음식을 적게 먹었다. 그래서 음식은 버림이 없이 순환되었다. 하지만 지금은 할머니가 손자에게 입안의 음식을 먹였다가는 며느리에게 고소당하는 세상이다. 내가 먹지 않는 모든 음식과 남의 입김이 닿은 음식은 모두 버려야 하는 것이 요즘의 원칙이다. 버리는 것은 쓰레기이니 음식물 쓰레기가 되는 것이다. 생산되는 식재료의 1/7이 쓰레기가 되어, 버려지는 기막힌 사실이 오늘 우리의 현실이다.

음식물이 쓰레기가 되었을 때의 인간을 향한 공격은 우리가 상상하는 이상이다. 순환이 되지 못한 모든 생물은 썩는데, 그 썩는 상태로 동물의 먹이가 되거나 산하로 스며들면 어떤 사태가 발생할지 그 폐해는 이미 여러 형태로 나타나고 있다. 모든 것은 썩어야 하며, 완전히 썩어서 땅에 스며든 후에야 모든 동식물에게 이롭게 된다. 그러나 마구 버려져서 채 썩지도 않은 상태로 동식물에게 흡수된다면 그것은 끔찍한 독이 되는 것이다. 나는 환경운동가는 아니지만, 이 지구가 인간이 버리는 것으로 인해, 돌이킬 수 없는 상처를 입고 곳곳에서 피 흘리는 것을 알고 있다. 그러나 나 개인으로는 할 수 있는 것이 그다지 없다. 그저 분리수거나 열심히 하고 덜 버리도록 애쓰는 것 외엔... 그래도 열심히 만든 음식을 버릴 때의 아픔은 날로 커지기만 했다. 인간의 편리를 위해 별별 것을 다 만들어내면서, 왜 이런 기본적인 것을 해결하지 못하느냐는 의문이 때로 분노가 되기도 했다.

음식물을 넣으면 분쇄가 되어 없어지는 기계가 있기는 하지만, 이것은 잠재적으로 더 큰 문제를 만들어낼 뿐이라고 생각한다. 물과 함께 흘러 내려가 침잠되어 썩고, 강과 바다를 오염시키는 주범이 된다. 눈에서 사라진다고 문제가 해결되는 것은 아니다. 그런 근심을 항상 안고 있던 차에, 가깝게 지내는 동생이 찾아와 음식물 미생물 처리기라는 것을 권했다. 물기를 조금 제거한 음식물을 넣으면 통 안의 미생물이 먹고, 황토색의 천연 비료가 되어 나온다는 설명에 두말할 것 없이 구입했다. 복잡한 원리는 모르겠지만 참으로 신기했다. 두어 번의 시행착오 끝에 지금은 너무 사용을 잘하고 있고, 만들어지는 천연 비료는 500g씩 담아서 내년에 가게 앞에서 판매할 생각도 있다. 일반 흙과 10/1으로 섞어 화분의 웃거름으로 주었더니 너무나 효과가 좋았다.

가격은 좀 비싸고 신경을 써야 하지만, 전국의 가정과 식당에서 이 처리기를 사용한다면 음식물 처리에 대한 완벽한 대안이 되지 않을까라는 생각이다.

중앙 정부나 지자체에서 심각하게 대안으로 지금 생각하지 않으면 늦을지도 모른다. 그렇게 해서 생산되는 천연 비료를 농촌으로 보낸다면 유기농 농작물의 전국 생산이 가능하지 않을까?

수십조에 이르는 음식물 처리 비용을 다른 복지에 사용할 수도 있겠다. 꿈같은 이야기일지 모르지만 원래 모든 것은 꿈꾸는 것에서 시작된다. 설거지를 하고 나오는 음식물을 미생물 처리기에 넣으며, 올바른 순환을 하고 있는 스스로에게 만족한다. 버리지 않고 가장 원형의 모습으로, 자연으로 되돌려주어 이 지구에서 함께 살아가는 순환. 우리 모두 할 수 있는 날을 기대하며 꿈꾼다.

02:08

푸드 마일리지

푸드 마일리지라는 말에 고개를 끄덕인다면, 그대는 지구의 환경에 관심과 애정이 있다는 말이 된다. 푸드 마일리지는 지구온난화를 비롯한 환경에 영향을 평가할 때 쓰는 하나의 요인이다.

즉 푸드마일이란 것은, 먹을거리가 생산자의 손에서 떠나 소비자의 입에 들어가기까지의 거리인 것이다. 그럼 푸드마일이 긴 것이 좋을까? 짧을수록 좋을까?

이 질문에 대해 즉시 대답하는 사람, 거의 보지 못했다. 푸드마일에 대해서 생각조차 안 해 본 사람들이 대부분이다. 그러나 이제 우리는 푸드 마일리지에 대해 심각한 고민을 나누어야 할 시점에 이르렀다.

한 번 찬찬히 내 주변을 둘러보자. 마트에 가서 내가 지금 식재료를 산다고 가정하면 나는 무엇을 고를까?

신선 재료는 채소 두어 가지로 끝나고 거의 대부분 냉동 고기와 병에 든 소스류와 마른 것과 병이나 깡통에 든 먹을거리와 과자류와 탄산수를 살 것이다. 나는 빈자에 속하고, 나를 위해 신선한 것을 많이 사지는 못한다. 아이들을 키우는 집도 대부분 그럴 것이다. 음식물을 살 때 꼼꼼하게 보는 것은, 유효 기간이 최대한 긴 것을 고른다. 과일은 사과나 배는 엄두도 못 내고 바나나와 몇 가지 열대 과일을 산다. 내가 구입한 이것들의 푸드마일을 따져본다면 마일리지가 얼마나 쌓일까?

예전에는 대부분 내가 또는, 내 주변에서, 마을에서 기르고 잡고 수확한 것들이 우리의 식탁에 올랐다. 운송 수단이 열악했고 저장 시설이 없어서 내 주변의 먹거리를 먹는 것이 당연했다. 그래서 산 하나를 가운데 두고 먹을 것이 다르기도 했다.

그러나 이제 그것은 불가능한 상상이다. 우리의 먹을거리 대부분은 엄청난 푸드마일을 간직하고 우리의 입에 들어온다. 흔히 육식이 해롭고 가축을 키우기 위한 탄소 배출량이 엄청나다는 것은 인지하지만, 채소나 과일은 전혀 걱정을 안 한다. 그러나 채식의 탄소 배출량은 아주 미미하지만, 이 채소나 과일에 운송 거리가 더해지면 심각한 문제가 발생한다. 푸드 마일리지를 더 정확하게 말하자면 모든 식재료가 생산, 운송, 유통 과정을 마치고 소비자의 식탁에 오르는 순간까지의 총 거리 계산이다. 이 거리가 멀수록 우리는 모르는 사이에 엄청난 환경의 재앙을 초래하게 되는 것이다.

로컬 푸드가 답이지만 그것은 아주 옛날에도 가능한 일만은 아니었다. 소금이나 생선 같은, 그곳에서 생산되지 않는 필수 불가결의 식품은 반드시 존재했다. 그러나 백성들은 상해도, 썩어도 먹을 방법을 찾아냈고 주변에서 거의 대부분의 먹거리를 해결했다.

감자를 주식으로 하는 사람들은 감자와 약간의 다른 채소와 곡물, 드물게 고기와 피와 알을 섭취하고 몇 가지의 과일을 먹는 것으로 일생을 마쳤다. 그러나 부자일수록 먼 곳에 있는 진귀한 식재료를 탐했으며, 그런 맥락으로 대항해 시대에 후추를 비롯한 향신료 전쟁이 촉발되었다. 그랬지만 인류사가 생긴 이후에 이십 세기부터 지금까지만큼, 이토록 많은 푸드 마일리지가 백성들에게 쌓인 예가 없다. 오늘날의 시대는 어느 누구라도 푸드 마일리지의 적립에서 벗어날 수가 없게 되었다.

오늘날 우리의 입에 들어오는 과일과 곡물과 고기류는 엄청난 푸드 마일리지를 가지고 있다. 그러지 않고서는 적당한 가격에 사먹을 도리가 없다. 그래서 이대로 놔두어야만 하는 것일까? 도시에 밭이 유행하는 것도 푸드 마일리지를 개선하고자 노력하는 방법의 하나이다.

 우리 각자의 개인이 지금 먹는 것을 세심하게 살펴 조금이라도 푸드 마일리지를 줄여 나간다면 환경에 놀라운 변화를 줄 수 있다. 아무것도 하지 않고 방관하는 것이 얼마나 나쁜 것인지를 우리는 곧 알게 된다. 내가 움직일 때 우리가 움직이고, 그 움직임은 반드시 모든 것을 변화시킴을 믿는다.

02:09

온칼로 책임을 지는 세대의 본보기

　북유럽의 많은 나라 중에 핀란드가 있다. 핀란드가 원전을 처음 가동한 것이 1977년이다. 핀란드는 2023년을 기준으로 전력의 41%를 원전에 의존할 만큼 의존도가 높다. 그럼에도 핀란드는 원자력으로 인한 갈등이 없는 나라에 속한다.

　핀란드는 원전을 시작하면서 폐기물 처리를 동시에 고민하고, 그 고민을 실천한 나라이기 때문이다. 전 세계는 핵원전으로 혜택을 입은 것이 엄청나지만, 사용하는 시점부터 폐기물 처리를 염려하고 그 염려를 현실의 실천으로 옮긴 나라는 핀란드가 유일하다. 왜냐하면 전력 생산의 가성비가 원전만큼 뛰어난 것이, 현재 인류에겐 없는데 모든 나라들이 쓰기만 할 뿐 완전하게 폐기물을 처리하는 방식을 개발하지 않고 있기 때문이다.

섬나라 일본의 오염 폐수 방출은 무책임과 뻔뻔함의 극치라고 말할 수 있다. 전 세계는 원전의 폐기물 처리 방식을 놓고 나름대로 고심하고 방법을 찾아가고 있기는 하다. 그러나 핀란드처럼 사용을 시작하면서 영구적인 폐기물 처리를 위해 40년의 긴 시간을 들인 나라는 없다. 온칼로의 뜻은 '사용 후 핵연료 영구 저장소'이다. 핀란드의 수도 헬싱키에서 북쪽으로 향하면 서부 연안의 도시 라우마가 있다. 라우마에서 서쪽으로 얼마 떨어지지 않는 곳에, 올킬루오토라는 작은 섬이 있는데 이 섬에 온칼로가 있다. 올킬루오토가 정말 특별한 이유는, 원자력 발전에서 핵폐기물 처리까지 완벽한 게 이루어지는 곳이기 때문이다.

유럽의 최대 원전인 올킬루오토 1, 2, 3호기가 해안가에 있고, 그 주변에 냉각수며 오염된 사용 물품을 처리하는 곳도 있다. 이 섬의 지하에 바로 온칼로가 존재한다. 핀란드의 방사성 폐기 전문 회사인 포시 바 오이가 맡아서 건설과 운영을 모두 맡고 있다. 40년 전 원전을 운용할 때부터 부지 조사를 시작하고, 온 국토를 정밀하게 분석해서 드디어 건설을 시작했다.

후보 지역 중에 주민들이 긍정적으로 인정하고 지리적 조건이 여러 가지로 유리했던 에우라 요키 시 올킬루오토가 최종 장소로 선정되었다. 온칼로는 이 올킬루오토의 지하 450m에 있다.

온칼로의 운영 지침은 어찌 보면 너무나 단순하다. 핵폐기물을 6겹으로 싸고 또 싸서 안전한 지반에 저장한다는 것이다. 원래는 지하 연구를 위한 지하 암반 조사 시설이었으나 적합성 평가를 거쳐 핵폐기물 처리장이 되었다.

원자력이란 결국 지구가 만들어낸 힘이고, 그 힘을 사용하고 나서의 위험한 폐기물을 지구에서 가장 안전한 곳에 봉인한다는 계획이 나는 전율하도록 감동스럽다. 그것은 해류가 있고 파고가 있는 바다에 쏟아붓는 것과는 완전히 다른 내용이다. 앞으로 백 년 동안 우라늄 6,500톤 저장이 목표라고 한다. 온칼로는 2020년 중반 가동을 목표로 건설 중이며, 원자력 안전청의 허가를 받는 대로 가동이 될 것이다. 18억 년의 시간이 만든 화강암 지층으로 되어 있어, 방사성 물질이 새어나갈 가능성이 극히 희박하다고 한다.

나선형의 터널을 따라 지하로 계속 들어가면서 핵폐기물을 넣고 봉할, 일종의 창고가 계속 이어져 있는 형태라고 할 수 있다. 최종 길이가 50km다.

터널 내부에는 8m의 간격으로 구멍이 뚫려있고, 이곳에 손톱 크기의 핵폐기물을 두껍게 감싼 캡슐 형태로 만들어서 넣은 뒤 점토로 밀봉한다는 것이다.

포에 바 오이의 관계자는, 목표한 백 년 동안 이렇게 밀봉해 두면 방사능 농도는 일만 분의 일로 떨어진다고 말했다. 15년마다 안정성 평가를 하고 비상 상황에 대비하는 모든 조치를 할 것이라고 했다.

사용하기에 너무나 편리하고 자연적인 에너지 사용 외에, 원자력이란 에너지원이 반드시 필요한 이 지구의 모든 나라들, 특히 우리나라는 핵폐기물에 어떤 관심과 연구가 진행되고 있는 것일까?

인간은 자신의 몸조차도 사용 후의 관리가 필요하다. 그 인간들이 지속 가능한 삶을 누리기 위한 대책으로 원자력이 필요한데, 사용 후 나 몰라라 한다면 그것이야말로 멸종의 지름길이 된다.

온칼로, 이 이름은 책임을 지는 인류의 아름다운 본보기가 될 것이다.

02:10
탄소 배출 없는 에너지원은 무엇일까

우리는 참으로 많은 에너지를 사용하면서 살아간다. 에너지의 중요함을 요즘처럼 실감한 때도 드물다. 아니 처음이라고 말할 수 있겠다. 예전엔 특별히 에너지가 부족하다는 느낌이 들어 본 적이 없었다.

먹기 싫어서 굶어도 그냥 '배고프구나'였는데 요즘은 다르다. 오전 일찍 봉사 현장에 나갈 때 커피 한 잔이 전부이고 여차해서 오후 늦게까지 물 한 모금도 마실 수 없는 날도 있다. 얼마 전까지만 해도 배고픈 상태로 그냥 지내며 그래도 되었다.

아무 하는 일 없이 집에 있으면 저녁이 되어서야 첫 끼를 먹어도 상관없다. 그러나 움직임이 많은 어떤 일을 할 때 오후가 되면

눈앞에 별이 보인다. 무어라도 먹어야 하고, 하다못해 사탕 한 알이라도 먹어야만 눈이 떠진다. '아... 내 몸의 에너지원이 고갈되었구나'라는 현실감이 느껴진다.

나는 인간으로 나이 먹었고 지구는 이미 늙은 별이다. 벌써 5번의 대멸종을 겪었고 이 별에 새겨진 참혹한 상처와 잔인한 흔적들은 우주에서도 뚜렷하다. 지구의 에너지원은 무엇일까? 나는 사탕 한 알로도 순간의 기운을 차리지만, 망가지다 못해 처참해진 몰골의 이 지구는 무슨 에너지로 위기를 넘길까? 원래 지구의 에너지는 태초에 내부로부터 있었다. 지구 탄생 초기에 누적된 열에너지원과 방사성 동위원소 붕괴로 인한 에너지가 있다.

지구의 생성은 태양계 성운으로부터 성간물질의 수축으로 시작되었다. 이때 위치에너지가 열에너지로 전환된 것이다. 이것은 생성 초기의 일이고 그것은 여러 가지로 변환되어 지금도 이어지고 있다.

인간의 삶에도 예산이 필요하듯이 지구 에너지에도 예산이 있다. 온실기체나 대기연무질, 지구 표면의 반사율, 토지이용 패턴에 따라 에너지 예산은 달라진다.

현재 우리 인간들이 이 지구에서 풍족한 에너지 예산으로 걱정 없이 살아갈 수 있을까? 이미 임계점을 지났으나 우리 인간들은 거침없이 사용하고 있다. 예산을 계속 끌어당겨 쓴다면 그 과 비용을 누가 부담하게 되는 것인지 심히 궁금하다. 특히 지구에서 정말 중요한 에너지의 하나인, 탄소의 생산으로 이미 탄소는 극혐의 원수가 되고 말았다.

그러나 탄소가 죄 없는 것은 누구보다 인간들이 가장 잘 알고 있다. 탄소는 지각 구성의 원소들 가운데 15번째로 풍부하며, 우리 몸에서 산소 다음으로 두 번째이다. 원소의 제왕으로까지 불리며 1,000만 개의 이상의 원소 화합물을 만들어낼 수 있는 존재다. 산소와 마찬가지로 탄소가 없으면 살아가지 못한다. 그럼에도 인류는 탄소중립을 외치기에 이르렀다. 탄소중립이란 탄소를 배출하는 만큼 탄소를 포집해서 순 배출량을 0으로 만드는 것이다. 왜 꼭 필요한 탄소를 이렇게 없애야 하는 것일까? 지구온난화 때문이다. 지구온난화의 원인인 온실가스 제거가 목적인데, 온실가스 중의 이산화탄소와 메테인이 탄소 관련 물질이기 때문이다.

우리나라는 2008년 녹색성장을 국가 비전으로 선포하며 지식경제부가 처음으로 탄소중립을 선언했다. 2020년 12월 7일 기획재정부는 2050년을 완전한 탄소중립의 해로 선포했다. 과연 가능할까?

2021년 12월 20일, 원로 과학자 200명 이제 20대 대통령 후보들에게 '탄소중립 건의서'를 발표했다. 탄소중립을 위해 원자력 에너지의 사용이 불가피함을 건의한 것이었다. 세계에서 가장 많이 쓴 석유와 석탄의 사용이 탄소중립을 방해하는 주범이기에 다른 에너지원을 찾는 것이 가장 중요했다. 두 가지가 있는데 원자력 에너지와 태양에너지이다. 가장 좋은 것은 태양에너지이지만 가장 큰 단점이 불연속성이다. 태양광의 지속성을 완벽하게 의지할 수 없다.

그래서 원자력 에너지가 대체에너지가 되는데, 공급의 독립성과 공급원이 보장되기 때문에 영속적이라고 할 수 있다. 그러나 방사성 폐기물 등 인류가 감당해야 할 책임이 막대하다.

인류는 무엇을 택해야 할까?

02:11
판다의 먹방

　보통의 성체가 되는 판다는 하루에 35kg 이상의 대나무를 먹는다. 그리고 50회 이상의 배설을 한다. 하루에 14시간 이상을, 먹는 것으로 보내는 판다는 원래 육식동물이었다. 자연의 재난으로 인해 육식을 먹을 수 없게 되자, 어쩔 수 없이 초식동물이 되었기에 소화율이 너무나 떨어져서 많이 먹고 많이 배설한다고 한다. 인간이나 동물이나 생존에 꼭 필요한 것이 산소인데, 판다가 식물에서 충분한 산소를 얻기 위해서는 몸무게의 1/3에 달하는 엄청난 양을 섭취해야 하는 것이다. 우리가 동물원에서 보는 판다는, 번식기가 아닌 때엔 먹고 자고 싸는 것으로 삶의 시간을 거의 보낸다. 행동과 생김새가 사랑스럽고, 개체 수가 적어서 보호 동물로 사랑받지만, 야생에서는 살아가기 힘든 족속이다.

야생에서의 판다는 먹을 대나무를 구하지 못해 육식을 하는 모습이 발견되기도 했다.

　육식을 하는 동물이 채식으로 전환하기까지의 고통이 얼마나 크고 긴 세월이 걸렸을 것이라는 사실을 우리는 간과하고 있다. 살기 위해서 먹을 것을 포기한 것이다. 다른 육식동물을 이길 수가 없어, 차라리 먹는 것을 바꾼 것이다. 수천 년이 흐른 지금도, 판다는 대나무를 제대로 소화시키지 못한다. 판다의 유전자는 지금도 식육목으로 분류되고 있고, 아무리 대나무를 많이 먹어도 얻는 것은 단백질 조금, 약간의 에너지뿐이다. 그러니 많이 먹어야 하고 먹는 것을 쉬지 말아야 한다. 우리가 동물원에서 귀엽게만 보는 판다의 먹방은 실은 생존을 위한 처절한 몸부림이다. 음식으로 섭취하는 에너지가 얼마 없기에, 판다는 행동이 느리고 다른 개체와 어울리지 않고 혼자 있는 것을 좋아하며 먹고 자는 것이 전부가 된 것이다. 인간에 의해 동물원에서 사육되는 판다는, 야생의 판다보다 훨씬 빠르고 행동도 분잡하면서 놀기도 잘한다. 그만큼 많은 영양을 섭취할 수 있기 때문이다. 먹는 것이란 어느 개체에게도 중요하지만, 대부분의 생명체는 먹는 것이 한정되어 있고 육식동물은 채식을 못 하는 것이 많다.

　인간의 잡식은 지구의 생명체 가운데서 유일무이하다고 봐야 한다. 인간은 무엇이나 먹을 수 있고 생식조차도 가능하다. 부패를 숙성으로 바꾸어 먹는 유일한 족속이 인류이다. 그러나 인류사에 있어, 20세기 이후만큼 고기를 많이 먹은 예가 없다. 그 이전의 대부분의 인류는 곡물과 채소, 아주 약간의 단백질원이 되는 알과 닭이나 오리. 야생의 조류나 짐승의 고기 등을 섭취했다. 하지만 그것조차도 먹지 못하고 생을 마친 사람도 너무나 많았음을 우리는 간과하고 있다. 일반의 백성들이 먹을 수 있는 것은 제한되어 있었고, 그저 익혀서 간기만 더해서 먹는 것이 대부분이었다. 요리라는 개념은 백성들에겐 사치였고 딴 세상의 음식이었다. 굶지만 않으면 다행이었고 고기를 먹는 날은 명절이었다.

한국인은 원래 그렇게 많은 고기를 먹지 않았었다. 식물과 곡물이 한강토인들 대부분의 주식이었고, 내륙 산간에 거주하는 사람들은 생선조차도 먹기 힘들었다.

그러나 오늘날 한국인의 주식은 고기나 다름없다. 고기를 몇 인분이나 먹고, 밥은 이제 후식의 개념이 되었다. 아예 후식으로 여기는 젊은이들도 많아졌다. 회식의 최고봉이 한우를 먹는 것이고, 그 가격이 엄청나다. 우리 가게 건너편엔 한우를 파는 고깃집이 있는데, 어느 날 두 명의 손님이 와서 맥주를 시켜놓고 쌈박질이 났다. 회식을 마치고 온 팀장들이었는데 싸움의 발단은 계산서였다. 11명이 한우를 먹었는데 나온 금액이 4,300,000원이었다. 이런 금액이 나올 줄을 몰랐다면서 회사에 어떻게 보고하느냐는 것에 대한, 난제로 싸웠다.

소고기를 잘 먹지 않는 편이어서 가격을 잘 모르겠지만, 암튼 많이 먹었으니 그렇게 나왔겠다. 젊은 직원들이 그렇게 잘 먹더라는 것이었다. 전직 운동선수가 아들들과 한 자리에서 먹은 한우값이 백만 원이 넘는 것을 보았는데 11명이 먹은 가격치곤 적다고 해야 하나? 암튼 정말 고기들을 잘 먹는다. 마치 먹기 내기가 온 세상에서 대회를 벌이는 듯 맹렬하게 먹어 치운다. 고기에 대한 미각이 발달되면 다른 음식에 대해 맛을 잃게 된다고 한다. 특히 곡물과 채소에 대해 입맛을 잃게 되고 육식에 올인하게 되는 것이다. 지금같이 고기를 먹어 치운다면 우리 인간들의 미래는 과연 어떤 식생활을 하게 될까? 이렇게 먹어 치울 수 있는 고기가 과연 존재할까? 판다의 대나무 먹방을 보면서 미래의 인류에 대해 근심하는 내가 오지랖인가... 그러나 지금 상상조차 할 수 없는 먹거리를 먹고 살게 되는 인류의 모습이 보이는 것은 어찌할 수가 없다.

02:12
먹거리를 만드는 위대한 직업 농민

우리나라는 쌀이 남아돈다고 사람들은 흔히 말한다. 과연 그럴까? 실제 우리나라의 쌀 자급량은 84% 정도이다. 시간이 갈수록 점점 줄어들 것인데 아무리 풍년이 들어도 어쩔 수가 없다.

우루과이 협약에 의해서 매년 쌀 수입량이 늘어나고 있기 때문이다. 의무적 쿼터량이 있기 때문에 아무리 쌀 생산량이 많아도 반드시 일정의 쌀은 수입하고 있다.

나는 절대 수입 쌀은 먹지 않을 거야라고 단정할 필요는 없다. 우리의 입으로 들어가는 밥은 국내산 쌀이 분명하겠지만, 그 외 가공식품에 들어가는 수입 쌀을 먹지 않을 도리가 없다. 현재 우리나라에서는 쌀 생산을 줄이고 다른 작물을 재배할 것을 장려하고 있다. 쌀 생산의 가치가 나날이 떨어지기 때문이다. 쌀을 생산하는 논을 없애고, 다른 작물을 키우는 것이 훨씬 부가가치적인 측면이 높다고 말한다. 그렇게 되는 것이 과연 우리에게 유리하고 경제 가치의 안정을 추구하는 일일까?

쌀은 생산하는 것보다 수입하는 것이 훨씬 더 저렴하니, 논을 없애는 것이 낫다고 주장하는 사람들은 대체 진정한 경제 가치를 알고나 있는가? 농업의 다원적 가치는 단순히 농산물을 필요에 의해 만드는 것으로 생성되는 것이 아니다. 우리의 쌀을 만들어내는 논의 가치는 바로 우리의 생명줄에 버금가는 가치라고 봐야 한다. 쌀이 없으면 빵을 먹으면 되고 과일과 고기를 먹으면 되지, 세상에 먹거리가 얼마나 많은데, 쌀이 뭐가 중요해?라고 말하고 그렇게 나아간다면 우리는 곧 식량 식민지가 되고 말 것이다. 지금은 저렴하게 수입해서 얼마든지 싼 가격으로 먹을 수 있으나, 우리의 식량 적정 비율이 깨어지면 수입 농산물은 상상할 수 없을 정도로 비싸질 것이다. 아무리 비싸게 팔아도 우리는 이미 식량 자력 보급을 위한 회복력을 잃어버렸기 때문에 식민지나 다름없는 상태가 되고 말 것이다. 먹는 것이 타국에 의해 좌지우지되는데 어찌 식민지가 아니랴?

논밭을 밀어버리고 다른 것으로 만들어서 가치를 높이자고 주장하는 개발업자들은 바로 이완용이나 다름없는 매국노들이라고 나는 단언한다. 우리 국토에서 지금 나날이 사라지고 있는 논밭의 중요함과 농민의 소중함을 우리는 시급히 깨달아야 한다. 지금 우리의 논밭이 해가 갈수록 버려지고 있는 이유 중의 하나는, 논을 경작할 농민이 없어지기 때문이다. 현재 우리 농촌 농민들의 평균 나이가 60세가 넘은 지 오래되었다. 젊은이들이 농사를 짓겠다고 귀촌하는 경우는 극히 드물다. 귀촌하더라도 농촌문화를 진작하겠다면서 다른 일을 하는 경우가 대부분이며, 농사를 짓는 농민이 되진 않는다. 농사를 지어서는 기본적인 삶을 유지할 수가 없기 때문이다. 선진국들의 농업 환경도 우리보다 나을 것은 없다. 그러나 선진국들은 농가 소득을 대부분 보전해 주고 있다. 우리도 직불금이란 명목으로 농가에 수입을 보전해 주고 있기는 하다.

그러나 스위스는 우리나라의 15배 이상을 보전해 주는데, 농업적 환경보전을 유지하는 것이 그만큼 중요함을 인식하고 있기 때문이다. 농업은 단순히 먹거리를 만들어내는 것에 그치는 것이 아니라, 환경보전에 중요한 역할을 하고 있는 것을 대부분 모르고 있다. 논을 유지할 는 것이 쌀만 만들어내는 것이 아니라, 환경 조건을 유지해 나가는 정말 중요한 장치라는 것을 알아야 한다. 쌀을 생산하는 논의 가치는 식량 생산에만 있는 것이 아니다. 논의 경제적 가치는 여러 가지가 있다. 홍수조절의 가치는 놀랍게도 443,149억 원에 달하며 대기 정화와 수자원 함양, 토양보전, 기후 순화, 수질정화 등의 가치를 경제적 이득으로 환산하면 563,993억 원에 이른다. 쌀만 내놓는 논이 아니라는 것을 우리는 깊이 명심해야만 한다.

앞으로의 인류 최후의 전쟁은 먹거리와 물을 확보하는 처절한 싸움이 원인이 될 것이다. 벌써 그런 조짐은 세계 곳곳에서 나타나고 있고 우리나라도 여기서 제외되진 않는다.

농사를 짓는 농민의 힘이 가장 막강해지는 날이 오는 것은 후대의 일이 아니다. 지속 가능한 순환적인 농업이야말로 인류의 희망이 될 수밖에 없다. 앞으로의 선진국이나 강대국은 농사를 지을 수 있는 토지를 얼마나 많이 가지고 있다로 가늠될지도 모른다. 핵무기 천 개가 있어도 한 줌의 쌀과 밀의 위력에 당하지 못하는 시대가 오는 날이 인류 멸종일지도. 그렇게 되어서는 안 되기에 우리는 농업과 농민을 소중하고 귀하게 대접해야 한다. 먹거리를 생산하는 사람들은 위대하다.

02:13

기아 인구 8억 2천만명

굶어본 적이 있는가? 단식이나 종교적인 금식 외에, 먹을 것이 없어서 굶주려 본 적이 있는가를 묻고 있다. 한강토의 60대 이후, 아니 그전 나이 때라도 굶어 본 사람이 있을 것이다. 보릿고개란 말이 사라진 것이 불과 몇십 년 전이다.

지금 우리의 젊은이들이 아프리카나 일부 나라들의 불행을 보면서, 저 먼 외계의 일인 듯 무심한 '기아'라는 것에 시달린 사람들이 아직까지 현존하고 있는 대한민국이다. 내 나이와 같은 동무들 가운데도, 학교 다닐 때 하루 한두 끼는 그냥 굶은 적이 있다고 어른이 되어서야 실토한 적이 있을 만큼 우리나라도 기아가 전혀 생소한 말이 아니다. 현재도 전국의 지하 셋방이나 쪽방에서,

봉사자들이 가져다주는 음식으로 연명하는 사람들의 숫자가 적지 않다. 일반의 평범한 일상을 사는 사람들이 알지 못하고 이해하지 못하는 굶주림이, 이 나라에도 분명히 존재한다.

현재 세계의 인구는 80억이 넘었고, 가장 많은 인구를 보유한 나라는 중국이며 2위가 인도이다. 이 두 나라의 인구가 30억이고, 앞으로도 무서운 기세로 늘어갈 것이다. 인구 절벽인 한국의 인구는 오천여만 명이지만 앞으로 이 인구를 유지할지는 아무도 모른다. 지구별에서 살아가는 이 많은 사람들이 매일 굶지 않고 살아가는 것일까? 현재 지구 인구의 1/10인, 8억 2천만 명이 굶고 있다. 아마 이 숫자보다 더 많았으면 많았지, 덜 하지 않을 것이다. 인구가 많아서, 식량이 모자라서 기아 인구가 발생하는 것일까? 그것은 아니다.

인류가 이토록 번성하지 않은 고대에도, 언제라도 굶는 사람들이 있었다. 여러 사정에 의해서 굶는 사람들은 항상 있었고, 수많은 대기근이 인류의 생존을 위협했다. 그럼에도 인류는 나날이 인구를 늘려가면서 드디어 80억을 넘고 마는 번성을 이루었다. 획기적인 식량 개발과 기적과도 같은 곡물 수확에 의해, 지금 생산되는 식량으로 전 인류는 한 사람도 굶지 않고 살아갈 수 있다.

그러나 나라 간의 수많은 갈등과 문제로 인해 그런 유토피아는 오지 않는다. 우리들이 티브이를 통해 날마다 보게 되는 아프리카나 일부 나라들의 참상은 현실이며 그 현실은 절대 변하지 않을 것이다. 그럼에도 인류애를 표방하는 많은 사람의 도움과 봉사도 끊이지 않을 것이며, 그렇게 세상은 돌아가고 있다.

그것이 질서이며 그 질서를 세우고 유지하는 것은 강대국들의 힘의 논리이다. 어쩌면 그런 힘의 논리는 당연한 것인지도 모른다. 평등을 외치는 사람들은, 인간들은 누구나 똑같이 평등하다고 말하지만, 그것이 얼마나 어리석은 망상인지는 인류사가 증명하고 있다. 인간의 목숨이 똑같은 저울로 재어진 역사는 단 한순간도 없었다. 법조차도 사람마다 다르게 적용되는 지구촌의 현실을 살면서, 우리는 아프리카의 굶주림을 당연하게 받아들이고 있다.

어쩔 수 없는 일로 치부해 버리면서, 우리나라에도 이 순간 굶음의 고통을 겪는 사람이 있다는 것을 믿지 않는다. 무의식 중에 자신이 사는 세계와 그런 사람들이 존재하는 세계를 분리해 버리기 때문이다. 그래서 많이 가진 사람일수록, 자신과 다른 계급의 사람들을 경계하고 무리에 들어오는 것을 거부한다.

한 끼 식사에 수십만 원의 돈을 쓸 수 있는 사람에게, 그 돈을 빈민을 위해 나누어주라고 한다면 등을 돌릴 것이다. 그들이 빈자들을 위해 의례적으로 기부하는 것은 여러 가지 이유가 있다. 체면치레와 신분상의 우월함을 유지하는 수단으로서의 기부는 언제든지 가능하다.

그러나 진정으로 가난한 이의 고통을 덜어주기 위해 기부하는 부자는 드물다. '빵이 없으면 케이크를 먹으면 되지'라고 말하는 사람의 근본이 악한 것이 아니다. 모르기에 그럴 수밖에 없다.

오래전 어느 템플스테이를 할 때, 자발적 금식의 시간이 있었다. 한 끼에서 세 끼를 먹지 않고 명상으로 대신했는데 나는 세 끼를 굶었다. 식사 대신의 연한 소금물을 마시며 내 몸과 마음이 정화되는 것을 실감했다. 동물은 아프면 먹지 않고 굶음으로, 자가 치유를 한다는 글을 어느 책에서 읽은 적이 있다. 인간도 동물이니, 때로 음식을 끊고 온몸의 장기를 쉬게 해주는 것이 필요함을 그때 깨달았다. 나는 아주 힘들면 하루 금식을 한다. 약을 먹어야 하지만, 약도 하루 끊고 나를 그냥 놓아둔다. 의사들은 위험하다고 할지 모르겠으나 나는 내 몸을 위해 좋은 것을 알고 있다. 너무 많이 먹고 너무 많이 음식물을 버리는 요즘의 세상에서, 비록 얼굴을 모를지라도 누군가를 위해 하루를 금식해 보는 것이 어떨까? 그 금식이 기아 인구를 줄여 나가는 실마리가 될지도 모른다.

02:14

공해가 되는 옷

옷장을 열어보는 여자들이 한결같이 중얼거리는 말이 있다. 입을 옷이 하나도 없네... 옷장 가득 걸려있는 옷들이 눈앞에 가득하건만 입을 옷이 없다는 것이다. 그래서 또 새 옷을 사고, 계절이 바뀌어서 새 옷을 또 사고, 옷장은 미어터지고 여기저기 가족들의 옷은 산더미를 이룬다. 필리핀에서 시집온 어느 여성은 자신이 도우미로 다녀본 집마다 쌓여있고, 걸려있는 옷더미에 너무나 놀랐다는 말을 했다. 한강토의 사람들은, 예로부터 사치하고 치장을 잘하기로 이름 높았다. 그 후예들인 지금에 대한민국 남녀들의 미의식은 세계 최고이며, 패션 감각은 어느 나라에도 뒤지지 않는다. 그래서 옷은 꾸준히 팔리는 아이템이며 옷 장사는 어지간하면 망하는 법이 없다. 그런데 옷값은 왜 이렇게

싼 것일까? 사십 년 전, 부모님이 운영하던 가게에서 판매하던 여성복은 한 벌에 몇만 원씩은 했다. 블라우스류도 일이만 원은 했으며, 몸뻬 바지도 겨울 것은 칠팔천 원 했었다. 물론 메이커라고 불리던 옷들은 한 벌에 이삼십만 원씩 했었고, 백화점에서 판매하던 그 당시는 할인도 없었다.

백화점 정기 세일은 사람이 얼마나 몰리는지, 정말 사람들로 인해 멀미가 날 지경이었다. 그런데 지금 시장의 옷 가게에서 파는 옷의 가격은 오히려 옛날 그때보다 싸다. 냉감 기능까지 있는 바지가 두 벌에 만 원이고, 티셔츠는 오천 원이 일반적이다. 기능과 모양이 뛰어났는데도, 옛날보다 옷들이 싼 이유는 옷을 만드는 원가가 그만큼 낮아졌기 때문이다. 브랜드 옷은 비싸지만 그래도 따져보면 옷값이 제일 싸다. 왜 이렇게 옷값이 싼 것일까? 옷을 만드는 원료의 가격이 그만큼 낮아졌기 때문이다. 기술이 발달되어 석유에서 추출하는 것들이 많아지면서 그만큼 원가는 낮아진다. 그런 원료로 온갖 옷들이 만들어지는 데에 커다란 문제가 있다. 석유를 바탕으로 한, 옷을 만들 때 탄소가스가 발생하는 것이다. 탄소가스는 실생활에서도 많이 발생하는 대기오염의 주범이다. 4인 가족이 배출하는 탄소가스의 양은 일 년에 1,300그루의 나무가 필요할 정도이니, 이 지구의 인구만 생각하면 답이 저절로 나오겠다.

일 년에 만들어지는 청바지는 40억 벌, 청바지 1개의 탄소 배출량은 33kg이다. 우리들은 흔히 플라스틱은 페트병이거나 주변에서 흔히 있는 물건이라고만 생각한다. 그러나 우리는 누구나 플라스틱으로 만든 옷을 입고 있다.

'천연 섬유 외의 모든 옷은 플라스틱이다!'라고 말한다면 놀라운가?

그러나 그것이 진실이다. 땅속의 석유에서 뽑아낸 폴리에스터로 옷을 만들어, 지금 우리 시대는 그 어느 때보다 의복의 값이 저렴하다. 20세기 초만 해도 옷은 재산의 하나였고, 명품이 아니어도 오래된 외투를 전당포에 맡겨 얼마간의 돈을 만들 수 있었다. 그러나 지금은 신사복도 그냥 버려야 한다. 아들의 결혼식 때, 한 벌에 백만 원을 주고 구입한 양복을 몇 번 입고 몇 년의 시간이 흐른 뒤 그 옷을 버려야만 했다. 지인의 남편 일인데 누구도 받아 입으려고도 하지 않더란다. 이젠 옷의 가치는 찾을 수가 없다.

폐페트병으로 실을 뽑아 옷을 만들어 친환경적, 자연 친화력, 환경 오염을 줄이는 데 혁신적이라고 하는데 그것이 진정 옳은 말인가? 우리나라 의류업체에서 한 해 소각하는 옷들이 얼마인지 안다면 기겁할 것이다. 팔리지 않고 이리저리 다니다가 넝마처럼 팔리는 재고들도 많지만, 아예 창고에서 나온 적도 없이 시간이 흐른 후 소각되는 옷들이 연간 얼마인지 모른다. 소각한 재와 그냥 매립하는 옷들은 수백 년이 지나도 썩지 않는다. 우리들은 먹고 마시는 과정 중에 나오는 플라스틱 캔이나 병들이, 환경 오염의 주범이라고 생각하기 쉽지만, 전 세계에서 만들어지는 의류들의 오염 범위는 이미 한계치를 넘어섰다. 일 년에 만들어지는 옷들이 천억 벌. 그중에서 입지도 않고 재고가 되어 소각하거나 매립하는 옷들이 얼마나 되는지 아무도 모른다. 입은 옷들도 마찬가지이다. 천연 섬유는 언젠가는 낡아지고 바스러져서 자연으로 돌아가지만, 폴리에스터 섬유의 옷은 수백 년이 지나도 그대로 있다. 천억 벌의 옷이 생산되면서 발생하는 탄소가스는 상상만 해도 끔찍하다.

이 상태가 줄어들지 않고 계속 더 심화된다는 것에 절망스러운 미래가 있다. 우리는 교토의정서에 대해 잘 모르고 무심하지만, 실은 삶의 질을 위해 너무나 정확하게 알아야 할 일이다.

1997년 일본 교토에서 개최된 기후 변화 협약이다. 2005년 2월 16일 공식 발효되어, 지구온난화의 규제와 방지를 위한 기구라고 할 수 있다. 지구온난화를 유도하는 이산화탄소, 메탈, 아산화질소, 불화 탄소, 수소화 불화 탄소, 불화 유황의 배출량을 감소해야 하며 이 협약을 따르지 않는 국가에 대해서는 비관세 장벽이 적용된다. 그럼에도 지구온난화는 가속도로 진행 중이며 거기에 의류 생산과 소비가 끼치는 영향이 만만치 않다. 우리는 앞으로 어떤 선택을 해야 할까? 내 옷장에 가득한 옷들을 보면서 나도 공해에 한몫했구나 생각하면 마음이 씁쓸해진다.

02:15
시드볼트, 인간이 만든 노아의 방주

　노르웨이의 스발바르란 곳과 우리나라 경상북도 봉화군, 이곳에는 세계에서 단 두 곳에만 있는 시설이 있다. 너무나 큰, 간절한 염원을 담아서 지어놓은 이곳은, 일반인들은 무슨 말인지조차 모르는 시드볼트란 시설이다. 존재하지만 그 존재를 드러내서는 안 되는 곳. 그 존재가 필요해질 때는 인류가 멸망의 지경에 이르렀을 때다. 전쟁으로든, 재해로든 인류는 모든 것을 잃고 폐허가 된 땅에서 다시 일어서야 할 때, 그때에만 필요한 시트볼트의 의미는 어쩌면 외면하고 싶은 곳인지도 모른다. 성경에서 노아는 하느님의 계시를 받고 방주를 만들었고, 그 방주 안에 지상의 모든 생물과 식물을 실었다. 그래서 대홍수가 끝나고 이 지상에서 하느님의 모든 피조물이 생장해 갈 수가 있었다. 이것이

한낱 신화일지, 어쩌면 현실에서 일어났을 일인지는 아무도 모른다. 그런데 노아의 방주에 없는 것이 있는데 무엇일까? 독사까지도 한 쌍을 넣었는데 말이다.

인간이었다. 노아의 가족 외에 어떤 인간도 배에 싣지 않았다. 번성하고 생육하려면 노아의 가족 외에 다른 남과 여가 필요했는데 다만 인간이 없을 뿐이었다. 그것은 무엇을 의미하는 것일까? 수천 년 전부터 고대 예언서를 비롯한 그 어느 나라의 전설에도 인류의 멸망은 예언되어 있다. 생자필멸이란 의미일까? 그 무엇도 영원한 것은 없으며 반드시 사라진다. 인류는 너무나 강인한 종족이지만 어떤 것으로 인해 허무하게 공멸할지도 모른다. 지금까지 이 지구별은 5번의 대공멸이 있었다고 한다. 너무나 악랄하게 자연을 수탈하고 공격해서, 끝내는 기후까지 변화시킨, 인간들의 짓거리는 스스로 자멸을 일으킬지도 모른다. 공멸이든 자멸이든 어떤 종말이더라도 인류가 모두 사라질까? 절대 그럴 리가 없으며, 이 지구상 어디엔가 인류는 반드시 살아남는다는 것을 전제로 해서 시드볼트는 존재한다. 또 다른 의미의 노아의 방주이다.

문명인이라 불리는 인류는 사라지고, 우리가 미개하다고 말하는 지구 오지 곳곳의 사람들이 살아서 시드볼트의 문을 열지도 모른다. 시드볼트의 뜻은 이 세상에서 일어날 수 있는 모든 재해와 재앙으로부터 인류 최후의 보루, 즉 종자를 보존하고 지키는 곳이라는 뜻이다. 종자를 뜻하는 시드와, 금고란 뜻의 볼트를

합성한 시드볼트는 씨앗을 보관한 금고라는 것이 정확한 표현이다. 이 시드볼트는 현재 전 세계에 딱 두 곳이 존재한다. 한 곳은 노르웨이의 스발바르에 위치한, 스피츠베르겐섬에 있는 스발바르 국제 종자 저장고이다. 나머지 한 곳은 바로 우리나라의 경북 봉화에 있는, 국립 백두대간 수목원의 야생식물 종자 저장고이다.

왜 봉화의 시드볼트에 야생식물이란 말이 붙을까? 스발바르 종자 저장고는 작물을 위주로, 채집하여 보존하고 있고, 우리의 봉화 저장고는 야생의 식물의 씨앗을 저장하기 때문이다. 이 두 곳에 저장된 씨앗의 중요함은 필설로 말할 필요가 없다. 인간뿐만이 아니라 지구상의 모든 생물이, 곡물과 야생의 꽃과 나무에서 생명의 근원을 섭취하기 때문이다. 거기에 꿀벌만 있으면 된다. 곡물과 수목과 식물만 존재하면 인류는 반드시 살아날 수 있다. 어쩌면 영원히 그런 날이 오지 않을지도 모르지만, 그런 곳이 있다는 것만으로도 안심이 된다. 비록 나는 겪지 않게 되겠지만 지금의 인류가 모두 떠난 후의 일까지 염려를 해야 하는 것은 지구인으로서 당연한 일이다.

시드볼트의 한 곳이, 다른 곳이 아닌 우리나라에 존재하고 있는 것이 나는 무엇보다도 자랑스럽다. 유럽이나 미국의 어느 개인들은, 집의 지하를 완전히 벙커처럼 만들어 놓고 몇 년이고 먹을 음식을 쟁여 놓은 프로를 본 적이 있다. 그들은 지금 너무나 평화로운 곳에서 살지만 평화를 믿지 않는다고 한다. 도망갈 곳도 없고 오로지 숨어서 견딜 수밖에 없는 날이 올 때의 대비를 한다는 것이다. 그 사람들이 준비한 것 중에 수십 가지의 씨종자가 참 인상적이었다. 마른고기와 가루로 보존할 수 있는 많은 곡물들, 생수와 각종 초콜릿과 사탕들, 때때마다 교환할 수 있는 것은 교환하면서 그렇게 대비하는 사람들이 있었다. 한 달을 지탱할 양식도 없는 나는 무엇으로 재난을 대비할까?

02:16

발리의 네피 1

발리는 굉장히 많은 사람들이 찾아가는 관광지이지만, 비밀스러운 의례가 가득한 신의 나라이기도 하다. 세상의 마지막 낙원이라고 기치를 내걸어 관광객을 끌어들여 그 수입으로 살아가는 발리는, 어쩌면 신이 보호하고 그 신을 사람들이 섬기는, 진정한 신의 왕국인지도 모른다. 일상다반사가 모두 신을 향해 나아가는 의례요, 먹고 자는 것도 신에게 바치는 기도가 되는, 이 지구상의 몇 안 되는 땅이다. 발리인들이 그렇게 된 데는 이유가 있다. 19세기가 되면서 유럽의 나라들이 제국주의와 식민지 확보에 열을 올리면서 그중, 네덜란드가 발리를 침략했다. 1846년 발리 동쪽을 먼저 침범하여 지역의 왕가들을 무력으로 점령한 뒤, 발리 전체를 향한 침공을 멈추지 않았다. 1908년에 마지막으로 남은 단 하나의 왕국이었던 쿨룽쿵 왕국을 멸망시키고, 발리는 완전히 네덜란드의 식민지가 되었다. 그런데 이 일은, 타국을 침략해서 식민지를 삼는 것이 그 당시엔 당연한 일이었음에도 네덜란드는 국제적으로 맹비난을 받았다.

쿨룽쿵왕국의 왕가를 비롯한 모든 귀족이 모두 자결함으로 백성들을 지키려고 했는데, 네덜란드는 무차별의 잔인하고 참혹한 살육을 저질렀기 때문이었다. 전설에 의하면 임산부까지도 죽이고 아이들도 마구 죽였으며, 여성들에게 가한 끔찍한 성유린은 필설로 형용할 수 없다고 한다. 뒤늦게 네덜란드 정부는 발리를 무마시키기 위해 유화정책을 내놓았는데, 발리에서 지켜 오던 모든 전통과 의례에 대해 보전하고, 일체의 간섭을 하지 않기로 한 것이었다.

그 당시는 식민지의 모든 종교를 이단으로 몰아붙이고 선교사를 가장 먼저 보내서 기독교화하는 것이 일반적이었다. 그것을 포기한 것은 대단한 일이었으나 만약 그렇게 하지 않았다면 발리는 마지막 생존자가 전부 숨을 거둘 때까지 저항했을 것이었다.

그렇게 식민 정부가 아무 간섭주의로 나갔으나, 왕가를 잃고 식민지가 된 땅에서 많은 부족들은 의기소침하고 무력해지면서 지키던 많은 것들을 소홀히 하고 게을리했다. 그러나 1917년 발리

남부에 엄청난 지진이 발생해서 수천 명의 사상자가 발생했다. 이듬해엔 독감이 창궐하여 많은 사람이 생명을 잃었으며, 연이어 다음 해엔 생쥐들이 비상식적으로 많이 발생해서 곡물을 해치워 버렸다.

이런 재해가 계속 일어나자, 발리인들은 자신들의 신성을 세우지 않고는 살 수 없음을 깨달았다. 다시 신을 찾기 시작했으며, 예부터 지키던 전통을 모두 재현시켜서 지켜나갔다. 발리에 생긴 모든 재앙을 신의 진노로 받아들이고, 자신들을 신의 자비 앞에 모두 내어놓은 이후부터 발리는 신비롭고도 기이한 평화를 누리게 된다.

수없이 많은 신당에 매일 꽃과 음식을 바치며 여인들이 공물을 머리에 이고, 신께 나아가는 모습들은 특히 유럽인들에게 감명을 주었다. 과장되어 알려진 것들도 많으나 서양인들은 발리에 매혹되었고, 발리 특유의 정신적인 무언가에 열광했다. 세계에 알려진 유명한 의례인, 바론의 행진이나 상향 든 다리 등이 있으나 발리에서 가장 엄격하고 비의 속에 지켜지는 또 하나의 의례가 있다.

이 의식은 너무나 간절하고 순수한 염으로 발리의 모든 사람이 반드시 지킨다. 바로 녜피라는 의식이다. 발리 달력으로 초하루가 되는 날에 이 의례를 지키는데 불, 일, 이동, 금식이 녜피의 메시지이다. 신들을 위해 어떤 불도 켜지 않고, 아무런 일도 하지 않으며, 집 밖에도 나가지 않고 아무것도 먹지 않는다. 이 네 가지 메시지는 무엇을 뜻하는가?

우리는 불을 밝혀 밤을 쉬게 하지도 않고, 끊임없이 일을 해서 무언가를 만들어 지구의 불편을 더하게 한다. 밤낮없이 움직이며 나가서, 지구의 피부는 인간의 발걸음으로 어지럽고, 쉼 없이 먹어대는 것으로 자원을 고갈시키며 쓰레기를 배출하고 있다. 발리인들의 신들의 모태는 바로 지구이며 그들에게 어머니인 대지이다. 그 대지를 하루 내내 쉬게 하고 어머니에게 안식을 주는 것이 녜피의 진정한 목적이다. 실제 그날 밤에 발리의 모든 곳에서 불이 꺼져 완벽한 암흑이 된다고 한다. 인공 불빛에 가려, 보이지 않던 별들이 완벽한 암흑 속에 쏟아지는 듯한 빛을 발하는 그 광경을 보기 위해 전 세계에서 관광객들이 모여든다는 이야기를 들었다.

인간이 살기 위해 할 수 있는 모든 것을 멈춤으로, 어머니인 지구를 쉬게 하는 것이 녜피 의식의 주목적이다. 내가 발리에 가는 날은 이 녜피를 만나기 위해서일 것이다. 내가 지구를 위해 인간들을 멈추게 할 수 없으니, 이 지구상에 지구를 쉬게 하는 의례가 있는 발리에 가련다. 그들과 함께 불도 켜지 않고, 아무런 일도 하지 않으며 밖에 나가지도 않고, 굶으면서 그런 기도가 지구에 무슨 도움이 되느냐고 말하면 안 된다. 그런 기도가 어쩌면 진정으로 지구의 멸망을 늦추어주고 있는지도 모른다. 그렇게 간절한 기도를 바치는 자식들이 있기에 어머니는 용서한다. 우리의 모태인 이 지구는, 엄마가 하나이듯 단 하나뿐이다. 우리 모두의 생에서는 말이다.

02:17

발리의 네피 2

발리의 네피 의식에 대해 글을 쓰면서 무언가 알 수 없는 기이한 느낌에 숙연해졌다. 그렇다고 많이 아는 것은 아니지만 네피라는 단어는 마치 빛나는 별처럼 내 마음속 깊이 빛나고 있었다. 종교나 믿음, 그런 것과는 상관없이 네피가 의도하는, 지구의 자연에 대한 경외심이 나를 사로잡았다. 무언가 나의 영성에 부딪히는 것이 있었다고 생각한다. 그 후로 여러 면에서 네피를 알아보게 되었는데 별다른 것을 얻지 못했다. 그러나 그때보다 알게 된 것이 더 있기는 하다. 네피가 의미하는 많은 것 중에서 가장 귀한 것은 침묵과 명상이라는 것. 침묵과 명상은 넓은 의미에서 정화를 뜻한다. 나 스스로의 정화를 시작으로 지구 전체 정화의 날을 만드는 것에 네피의 진정한 의미가 있음을 깨달았다. 지구의 자연에게 쉼을 주는 정화 의식이 가지는 의미의 위대함을 깨닫는 것이 무엇보다 중요하다. 자연은 바로 우주이며 인간은 그 가운데서 가장 특출한 존재이다.

발리 사람들은 녜피가 시작되기 며칠 전부터 정화 의식을 시작한다. 믈러 아스티라고 이름 부르는데, 믈러는 불순물이라는 뜻이다. 내 몸에서부터 자연에 이르기까지의 불순물을 아스티, 즉 씻어낸다는 뜻이 있다. 그래서 샘터라든지 폭포, 개울 등 주변의 물로 모든 것을 씻는데, 이에 따라 신체는 물론, 영적으로 정화된다고 믿는다. 그런 다음 나그넷 아무르티를 행한다. 아므르 시티는 생명의 원천을 뜻하는데, 신당에 제물을 진설하고 사람들에게 성수를 뿌리는 과정이다. 특정한 구역의 성스러운 샘에서 길어오는 물인데, 그곳은 철저한 출입 통제를 하고 있다. 발리인들은 녜피 의식을 자기들만의 정화나 믿음으로 여기지 않는다. 발리 언어로, 부아나 알릿과 부아라 아궁을 위해서 하는데 심오한 뜻을 품고 있다. 부아나 알릿은 사람, 즉 소우주를 말하며, 부아라 아궁은 자연과 우주이므로 결국 녜피는 온 우주에 미치는 정화인 것이다. 그러면 이 정화 의식으로 무엇이 완성되는가?

발리인들은 세 가지의 성질이 자연을 지배한다고 믿는데 부타, 칼라, 때와의 세 가지이다. 부타는 평화로운 수동적인 성질이며 칼라는 활동적인 성질, 데에는 통제하는 성질을 뜻한다. 이 세 가지의 완벽한 조화가 이루어지는 것이 녜피이다. 완벽한 조화는 균형이며, 인간의 삶에서나 자연에서나 우주에서도 절대 필요한 것이다. 그러나 인간은 늘 탐욕과 무절제로 모든 균형을 깨어버리고 조화를 무너뜨리는 존재이다. 이 우주에서 인간만이 그렇게 한다. 균형을 되찾고 완벽한 조화로 되돌려 놓으려는 믿음이 녜피의 정수인 것이다. 발리인들은 신의 가장 놀라운 창조물이 인간이라고 여긴다. 그래서 인간이 모든 것을 할 수 있다고 믿는다. 파괴도, 회복도 인간만이 할 수 있다. 내면의 통제를 거쳐 조화롭게 되어 균형을 이루는 시기가 반드시 있어야 하고, 그래야만 인간과 자연 이 모두 평화로워진다. 자연은 나날이 통제 불능의 상태로 변하고 있고, 인간은 결코 그 책임에서 벗어날 수가 없다.

녜피 의식 동안 발리인들은 아무것도 하지 않는데, 책임을 지고 균형을 되찾으려는 의지의 표출이다. 인간이 멈추는 것은 무엇보다 자연과 우주에 휴식을 주는 일이다. 쉼. 결국 녜피는 모든 것을 쉬어라는 뜻이다. 인간이 쉬는 동안 자연은 회복되면서 조화와 균형을 되찾게 된다. 비록 녜피는 단 하루 동안의 정화이지만 그 진동이 소우주와 대우주에 미치는 영향은 거대한 것임을 발리인들은 믿는다. 자연의 호흡에 완벽하게 일치하기 위해 모든 것은 멈추고, 어두워져도 불을 켜지 않으며 집 밖에도 나가지 않는다. 모든 거리와 모든 가게와 심지어 공항까지 폐쇄되는 무섭도록 고요한 하루. 그 고요함 속에서 발리인들은 저마다 자신들의 장소에서 명상하고 기도한다. 단 하루일 뿐인데 대기에서

3만 톤의 탄소가 사라지고, 일일 배출량이 반 이상 낮아진다는 결과가 나와 있다. 녜피의 하루에, 회복되는 자연의 경이를 믿는 발리인들의 마음에 너무나 공감하는 것은 나만이 아닐 것이다.

우리는 너무나 함부로 자연을 대해 왔고 그 결과가 얼마나 끔찍한지 알기 시작하고 있다. 자연의 역습이라고 표현하는 것은 인간의 오만에 지나지 않는다.

자연은 인간에게 생명을 다해 하소연하고 있고, 이 음성에 귀 기울이고 변화하지 않는다면 마야의 시계는 멈출 것이다. 코로나가 우리 사회를 강타한 이 년여 동안, 인간의 발길이 사라진 자연의 여러 곳에서 경이로운 회복력을 보이고 있다.

구정물 같은 하천이 맑아지고, 숲이 푸르러지며, 바다 연근해의 쓰레기가 많이 사라졌다. 인간이 멈추어주는 것이 자연에게는 이토록 큰 경이를 선물하는 것이다. 놀라운 회복력을 보이는 생태계는 인류의 희망의 메시지이다. 인간들이 조금만 비켜 준다면 자연은 충분히 더 많은 것을 되돌려줄 것임을 알려 주었다. 인간은 자연에 소속된, 자연의 산물이다. 녜피의 메시지는 바로 그것이다. 나는 그 메시지를 옹호하며 실천하려고 한다. 발리에 가지 않아도 나는 나만의 녜피 의식을 실행할 것이다.

02:18

플라스틱과의 공존

 오늘 오래간만에 송도의 한 브랜드 아파트의 집들이에 초대되어 다녀왔다. 나와는 별 친분이 없었으나 어찌어찌 묻혀서 간 셈이다. 과연 명성대로 아파트는 대단히 잘 만들어진 듯하고, 우리가 집들이를 간 집은 화보에서 그대로 나온 집인 양 멋졌다. 요즘은 손님들을 이끌고 집안 내부를 구경시켜 주는 것이 집들이 예의의 하나인지, 우리들은 들고 간 것만 내려놓고, 우아하게 차려입은 여주인의 뒤를 따라다녔다.

 그런데 방방마다 알아들을 수 없는 이름을 말하고 보여주는데, 나는 그런 방면으로 영 깜깜이여서 그저 아낌없는 감탄사만 연발했다. 그것이 또 구경하는 사람들이 하는 예의의 리액션이 아니겠는가?

　요즘은 상대방에 대한 적절한 리액션이 엄청나게 중시되는 시대이니 말이다. 여주인은 그런 내게 무척 만족했는지 그렇게 사근사근, 연한 배처럼 친절했다. 너무나 인상적인 눈 화장과 주름 하나 없는 피부가, 마치 키메라 같아서 그것이 살짝 무서웠을 뿐이다.

　그녀가 가장 많이 한 말은 수입 가구, 엔틱 가구였는데 가구에 관해서는 나는 아무것도 부럽지 않다. 내가 원하면 아들이 다 만들어 줄 것이고 원래 그런 것을 부러워하는 성정이 아니었다. 마치 가구 판매원처럼 이야기하던 안주인이 마지막으로 주방에 데리고 갔고, 넓고 아름다운 주방은 주부의 꿈, 그 자체였다. 그런데 안주인이 묘하게 웃으면서 우리더러 이 주방엔 절대로 없는 것이 있다면서 찾아보라고 했다. 그러나 뭔지 알 수 없었다. 그녀가 의기양양한 게 웃으면서 말하기를 주방은 물론, 이 아파트 안엔 플라스틱이 하나도 없다는 것이었다. 주방의 사소한 도구 하나도 철제나 나무, 도기 제품이지 플라스틱은 아예 이 집안에 못 들어온다고 했다. 마치 플라스틱과 전생의 원수가 진듯했다. 아니, 플라스틱을 쓰는 사람은 하류 인간이라는 뉘앙스가 아주 강했다.

　식사가 시작되었고 모두 먹으면서 플라스틱의 해악에 대해 말들이 많았으나, 미안하게도 그들은 정말 알아야 할 것을 하나도 모르고 있었다. 돌아오는 차 안에서 나를 데려간 지인이 왜 아무 말 하지 않았느냐고 물었다. 내가 환경과 쓰레기 문제를 공부하고 관심이 많은 것을 그녀는 알고 있었다. 나는 웃으면서 그녀에게 플라스틱이 뭐냐고 물어보았다. 그녀는 비닐봉지나 페트병, 뭐 그런 것들이 아니냐고 말했다. 집으로 가는 거리도 멀고 해서, 나는 그녀가 모르는 플라스틱 이야기를 시작했다. 플라스틱, 지금까지 만들어진 플라스틱은 아직도 이 지구에 존재한다. 한 알갱이도 없어지지 않았다. 플라스틱병 하나가 분해되는 시간은 약 450년이 걸린다고 하는데, 그것도 추정일 뿐이고 땅속에 묻힌 것은 아예 분해조차 되지 않는다. 이 물질이 발명된 지 아직 백 년이 채 되지 않았으니, 지금까지 만들어진 플라스틱은 지구의 구석구석 어딘가에 쌓여 있다.

    재활용된 것 외엔 말이다. 원래의 이름은 베이클라이트 수지, 미국의 과학자 리오 베이클 렌드가 이 경이로운 물질을 발명했다. 뛰어난 절연체였고 열에 강하고, 절대로 줄어들지 않는 이 최초의 합성수지는 1907년, 석유에서 추출한 화학 물질인 페놀, 포름알데히드, 알코올을 혼합해서 탄생하였다. 많은 개량을 거쳐 1930년에 플라스틱이란 이름으로 바뀌었는데, 그리스어인 플라스티코스에서 유래했다. 모양을 만들다, 형성되다, 주조되다는 뜻이 있어 이 물질엔 딱 맞는 절묘한 이름이었다. 모든 플라스틱은 탄소가 함유된 모노머라는 분자로 이루어진다. 부드러운 것과 굳은 것, 크게 두 가지로 나누어진다.

"오늘 안주인이 자신의 집에는 단 하나의 플라스틱도 없다고 했는데 완벽하게 틀렸어요. 이 현대엔 플라스틱이 없으면 그 아파트도, 가구도, 자동차도, 하다못해 옷도 만들어지지 않아요. 모든 가전제품에도 들어 있고 핸드폰 안에도 들어 있어요."

지인은 내 이야기를 듣고 진심으로 놀라면서 플라스틱이 그렇게 많은 곳에 있는 것을 상상도 못 했다고 했다.

"우리의 몸 안에도 있어요, 미세 플라스틱요, 바다 생물의 몸속엔 이미 포화 상태이고요, 전 세계의 다이버들이 수도 없이 건져내는데도 당해내지 못해요. 해류와 조류에 의해 지구의 바다 여러 곳에 거대한 플라스틱 섬이 만들어져 있는 것은 잘 알려진 사실이죠. 플라스틱! 우리가 죽어서도 벗어나지 못하는 물질입니다."

그렇다. 플라스틱은 이미 식량처럼 우리에게 필요불가결한 것이고, 공존하지 못하면 휴먼은 아무것도 못 한다.

그러니 나는 플라스틱 제품은 절대 안 쓴다는 말은 쓰지 않는 것이 옳다. 내 몸 안에도 있고 그대의 몸 안에서도 돌아다닌다. 마치 피돌기처럼. 이 물질은 이미 우리와 한 몸이나 마찬가지이고 신조차도 이 물질에게서 벗어날 수 없다. 플라스틱이 없으면 교회도 못 짓는다. 전통 대목수가 고유의 공법으로 못 하나도 박지 않고 절을 지어도, 플라스틱은 대웅전의 곳곳에 있다. 지구별에서 가장 많이 존재하고 있고 계속 만들어지고 있으며, 영원히 사라지지 않을 물질. 플라스틱의 존재는 휴먼의 생사보다도, 지구에 공멸이 와도 남아있을 것이다. 그런 물질을 휴먼이 만들어내었고 우리는 이제 그 대가를 치러야 할 때다.

02:19

생명의 연결고리

우리가 사는 이 지구별의 인구가 80억 명이 넘었다고 한다. 서울은 만 원이란 진부한 표현도 있었지만 이쯤 되면 지구는 만 원이라고 해야 할까? 인류의 기원은 약일 만년 전이라고 추정하고 있는데, 그 사이에 인류는 이렇게 많아졌고 지구의 최상위 포식자로 군림하고 있다.

그런데 우리는 지구의 주인이라고 할 만큼, 지구의 자연과 생태계와 기후 환경을 완벽하게 이해하고 있을까? 그런 사람이 과연 얼마나 되는 것일까?

남극과 북극, 아마존의 밀림, 지구의 곳곳에 존재하는 열대 우림과 사막들, 인간이 생존할 수 없는 수많은 땅이 지구의 70%를 차지하고 있다. 불과 오십여 년 만에 인류의 숫자는 배로 증가했고, 초밀집의 대도시를 보면 인간이 살 땅이 이젠 없는 것처럼 보인다. 그러나 실제 인간의 삶터는 불과 지구의 30%에도 못 미친다. 그렇다면 인류는 앞으로 지금의 인구보다 더 많아져도 괜찮은 것일까?

그 대답은 각양각색이겠으나 한 가지 정답은, 지금 이대로의 삶의 방식으론 지구별의 모든 생명의 연결고리가 끊어질 수밖에 없다는 것이다. 즉, 지속 가능한 삶을 영위할 모든 고리가 지금, 하나 둘 떨어져 나가고 있다. 인간은 극지에서도, 사막에서도, 밀림에서도 살아갈 수 있으나, 스스로 생명의 연결고리 일부가 되어야만 생존이 가능해진다. 그 법칙에서 벗어날 수 있는 자연계의 생물은 단 하나도 없다. 예전에 열대 우림에서 살아가는 원주민들의 삶은 철저하게 자연의 순환에 맞춘 것이었다. 1980년대까지만 해도 아마존이나 뉴기니 등의 원주민들은, 거의 인류 고대의 삶을 그대로 이어오고 있었다.

그러나 발전과 개발이라는 미명 하에 그들은 강제로 세상에 드러나야 했고, 지금 그들은 나일론 옷을 입고 플라스틱 제품을 쓰고 있다. 전통과 민속을 지키는 것은 전승이고 계승인데 그 연결고리가 끊어지면 아무리 수천 년 되었을지라도 흩어질 수밖에 없다. 지금 아마존의 원주민들의 삶이 그렇게 되어가고 있다. 사막에서의 삶을 살아가는 오래된 종족들 또한 그 법칙에서 벗어나지 않는다.

 그러나 도시를 이루고 거대해진 도시에서 살아가는 사람들이 많아지는 현대의 삶은, 이 지구별에 치명적인 위협을 무심결에 저지르고 있다. 지구별의 20%가 사막인데, 그중에서도 가장 메마르고 생명체가 살 수 있는 그 어떤 것도 없는 사막이 있다. 바로 남아메리카에 있는 아타카마 사막이다. 정말 인류에 전혀 도움이 되지 못할 것 같지만 실은, 이 사막은 생태계의 중요한 연결고리이다. 아타카마 사막의 끝 해안에는 해마다 엄청난 무리의 새들이 모여든다. 수만 마리의 새들이 아무런 방해를 받지 않고 새끼를 부화하고 키울 장소로 이 사막을 선택했다.

 거칠고 황량하기 짝이 없는 이 사막의 뜨거운 모래 속에 알을 낳고 부화해서 키울 수 있는 이유는, 사막 끝자락의 해안의 풍요로운 먹이 때문이다.

 사막엔 어떠한 포식자도 없으니, 안전하게 새끼를 키울 수 있고 먹이는 물속에 넘쳐서 이만한 서식지가 없다. 쓸모없어 보이는 사막에서 불어오는 바람 속엔, 바다를 비옥하게 만드는 미생물이 가득하여 생명체가 번성할 수 있는 최초의 고리가 되어준다. 인간이 살지 못하는 곳이라 해서 쓸모없다고 생각하는 종은 인류뿐이다. 자연의 순환 고리는 그렇게 단단하게 연결되어, 다른 종을 번성하게 하고 그 종의 번성은 또 다른 종을 살린다.

지구별에서 그 순환 고리를 끊어내는 종은 오로지 인류뿐이다. 남극과 북극의 극지는 지구별의 대기 중 20%를 차지하는데 온통 빙하와 눈, 해빙과 유빙뿐인 이 극지대가 과연 쓸모없는 곳일까? 그렇게 생각하는 사람이 있다면 그는 자연계를 전혀 모르는 정말 무지한 사람이라고 말할 수 있다. 극지대를 덮은 하얀 빙하는 태양의 열을 반사해서 지구의 열을 식히는 작용을 하며 기후조절에 아주 중요한 일조를 하고 있다. 그 빙하가 녹아내리면 해수면이 높아져, 대륙의 낮은 해안지대는 거의 물에 잠겨 버린다. 지구온난화의 영향으로 이미 많은 섬들이 바닷물에 잠기고 있다.

빙하는 녹아떨어지고 알프스의 만년설도 벗겨져 흙이 드러나는 오늘날의 현실은 몇십 년 내에 지구의 많은 땅을 물에 잠기게 만들 것이다. 지구별에 존재하는 자연의 그 무엇도, 쓸모없는 것은 하나도 없음을 우리들은 통렬하게 깨달아야 한다. 쓸모없는 것의 대부분은 인간들이 만든 것이고, 그것들이 생명의 연결고리들을 끊어내고 있다. 너무나 빠른 속도로 말이다.

02:20
티핑포인트

세상을 평탄하고 무탈하게 살아가는, 또한 대부분의 사람은 모르는 단어가 있다. 모른다기보다 관심이 없고 아예 생각조차 하지 않는다고 할 수 있다.

티핑 포인트. 단어 자체를 설명하자면 갑자기 뒤집히는 시점이라고 말할 수 있다. 미국 시카고 대학의 그로진스 교수가 1957년, 화이트 플라이트 연구에서 처음 사용한 용어라고 알려져 있다. 화이트 플라이트는 백인 이주 현상을 표현하는 말이다.

번화한 도회를 이루던 곳에서 어느 시점에, 갑자기 백인들이 그 도시를 버리고 이주하는 현상을 그로진스는 유심히 관찰하고 연구했다. 그리고 그 원인이, 그 도시의 흑인들이 어느 정도의 증가 수준을 넘어서면 발생하는 것에 있음을 찾아냈다. 백인이 주류를 이루던 곳에서 흑인의 비율이 넘었다는 것을 알아차린 순간, 백인 중산층들은 도심을 버리고 교외로 가서 다시 자신들만의 세계를 이루었다. 그때 사용된 용어가 티핑 포인트이다.

균형을 이루던 무언가가 하나의 전환점으로, 순식간에 무너지거나 퍼지는 현상을 말하는 것으로 오늘날 쓰이고 있다. 아무도 눈치 못 채는 작은 것들이 쌓여, 무언가가 살짝 더해졌을 때 파괴되는 것을 말하기도 한다. 나비효과가 티핑 포인트와 비슷하게 쓰이기는 하지만, 티핑 포인트는 더 즉각적이고 확실한 현상을 말한다. 많은 사례가 있고 상품 판매의 수법으로 쓰이기도 하지만, 오늘날엔 지구의 모든 위험 변화에 많이 쓰이고 있다. 기후 변화로 인한 지구의 위기를 말할 때 많이 쓰이기에, 위험 한계선이라고 말하기도 한다. 인간들이 그동안 혹사시킨 자연계의 위험 한계선은, 이미 그 임계점을 넘어섰다고 자연과학자들은 이구동성으로 말하고 있다.

지구에서 야생식물과 동물들이 살아가야 할 대지가, 인간들의 식량과 맛거리를 공급하기 위한 각종 농경지로 급속히 바뀌었다. 인류는 그동안, 야생의 종들은 사라져도 인간의 생존에 아무런 지장이 없는 듯이 행동해 왔고 그렇게 살아왔다, 아마존의 그 깊은 밀림도 인간이 만든 농장으로 인해 잠식되어 가는 중이다. 지구별에서 생물의 다양성이 침해되어선 안 될, 가장 중요한 이유가 인간의 존립이 거기에 달려 있다는 사실을 우리는 거의 모른다. 자연계를 잃으면 인간계도 사라진다는 것을, 현재도 나타나는 재앙으로 알려 주는데도 우리는 무시한다.

지구는 지금까지 다섯 번의 대멸종을 겪었다고 하는데 그 멸종의 임계점, 즉 티핑 포인트가 무엇이었는지 알고 있다. 그런데도 여섯 번째의 멸종을 앞당기는 짓을, 인류가 자연계에 잔혹하게 저지르고 있다는 것을 모른 체하고 있다.

너무나 세밀하고 다양하게 펼쳐진 자연계의 생물들은 그 임계점을 우리가 정확하게 짚어낼 수는 없다. 그러나 지난 시대의 대멸종 원인을 알아보면, 지금 우리 자연계 전체의 생존, 임계점에 도달했음을 알 수 있다. 지구의 안정성, 즉 인류가 생존하기 위한 환경의 요소는 모두 다섯 가지가 존재한다. 이 지구별 이 인간에게 대가 없이 그저 주는 은혜로운 선물이기도 하다. 삼림, 물, 기후, 영양분, 그리고 생물의 다양성이다. 이 다섯 가지 중 하나라도 티핑 포인트를 맞이하면 대멸종이 올 수도 있는 것이다. 인류가 사라지는 것이 어쩌면 지구별의 보존과 번성의 가장 좋은 방법인지도 모른다. 인류만큼 지구의 모든 것을 파괴하고 잠식하고 갉아먹는 종은 없다. 그럼에도 인류는 이 대지 위에서 번성하였고 그 어느 종보다 많은 혜택을 누리며 살고 있다.

2021년 7월, 지구열 관측 이래 142년 만에, 지구는 가장 뜨거운 날을 경신했다. 산업화를 이룩하고 인류의 삶의 질이 놀라운 발전을 한 이후, 지구의 온도는 대멸종이 있은 지 처음으로 1.1도 상승했다. 불과 백여 년 만에 지구의 온도가 달라져 버린 것이다. 이것이 얼마나 심각한 재난을 초래하는지는 벌써 세계 곳곳의 기후 재앙으로 나타나고 있다.

0.4도가 더 상승하는 순간이 기후의 티핑 포인트라고 한다. 이 순간에도 녹아서 바다로 추락하고 있는 남극과 북극의 빙하들이 사라지고, 지구는 뜨거운 냄비 속과 같이 변할 것이다. 인류는 그 뜨거운 냄비 속에서 과연 살아남을 수 있을까? 인간이 사라져도, 모든 것이 사라져도 지구는 세포 한 알갱이만 있어도 다시 번성할 수 있다.

02:22

살기 좋은 마을을 만들어가고 싶다

    인간은 무엇을 나누며 어디까지 나눌 수 있는 것일까? 나눔의 진정한 정의를 생각해 볼 때, 타인의 마음을 함께 하는 것도 나눔인 것을 알게 된다. 공동체 안의 나눔을 배워서 실행하는 것이 타인의 마음을 함께 하고 나누는 것이라는 것을 봉사를 통해 깨달으며, 진정한 나눔의 방식을 새삼 돌아보았다. 우리가 살아온 시대의 패러다임은 무서운 속도로 소멸하고, 닥쳐오는 미래는 상상해 본 적도 없는 놀라운 현실이 되어간다. 노인 인구는 늘고, 불행하게도 새로 태어나는 생명은 급속도로 줄어들고 있다.

    젊은이들이 사라지는 역삼각형의 구도는 무서운 공동화를 필연적으로 불러오게 된다. 학교가 사라지고 가정이 사라지고 이윽고 마을 전체가 비어버리는, 이런 무서운 현실이 어쩌면 우리 세대에 닥칠지도 모른다. 일본만 해도 이십 년 이내에 1,800개 지자체 중의 절반이 없어질 거라는 예측이 현실이 되어가고 있다.

지자체가 유지될 수 있는 것은, 그곳에 사는 시민들의 세금이 주를 이루는데 그 세금을 낼 사람들이 사라지고 복지 혜택을 받아야 할 노인들만 남는 사회가 우리의 미래가 된다는 말이다. 우리는 이런 미래에 대비하는 나눔을 배워야 할 현실에 도달했음을 깨달아야 한다. 그래서 우리는 세대를 초월하는 소통, '의식과 물질과 마음을 나누는' 진정한 나눔을 배워야 한다. 일인 가구가 당연해지고, 독거노인이 독거노인을 도와야 하는 이 시대에 예전의 나눔의 개념은 버려야 할 때가 온 것이다. 내가 봉사자여서 그 대상자를 연민을 가지고 대하는 방식이 아니라, 서로가 필요한 친구가 되는 나눔의 방식으로 진화해야만 한다.

예전에는 이웃과의 관계로 풀었던 문제점들이 지금은 마을 복지나 봉사로 대체되고 있다. 있는 사람들이 없는 사람들을 돕는다는 형식의 봉사는 한계가 있다. 사람을 중심에 두고 사람다운 사람이 되기 위한 교육과, 나도 대상자가 될 수 있다는 생각으로 우리는 마을 봉사와 나눔의 방식을 전환해야 한다.

좀 더 좋은 녹지나 생활공간을 완비한 마을이기보다는, 사람이 좋은 자원이 되어 나누는 진정한 나눔이 필요하다. 즉 자선 복지가 아닌, 공존이 되어야 한다는 것이다. 서로서로 이해하고 함께 하면서 나누는 마을 공동체가 되어야 한다. 일방적으로 주기만 하는 나눔이 아니라, 받는 사람도 나눔을 하고 있다는 마인드를 가지고 복지의 진정한 나눔을 실천해야 한다. 생필품이나 전해주고 선심을 쓰는 봉사가 아니라 사람과 사람과의 나눔. 살아있는 것도 나눔이다. 동정이나 자선이 아니라 진정한 공감으로의 나눔을 실천해야 한다.

그러기 위해서 선행되어야 할 것이 내가 사는 동네를 알고 이해하는 일이다. 나를 비롯한 모든 사람이 살아가는 마을은 같은 곳이 하나도 없다. 우리는 지금 사는 마을을 얼마나 알고 얼마나 이해하며 얼마나 참여하고 있을까? 내가 사는 동네의 주민 몇 사람의 이름과 전화번호를 알고 있기도 힘들다.

지금 도움이 필요한 사람이라도 과거에 반드시 좋았던 때가 있었다는 사실을 이해하고 공감해 주는 것이, 그 사람이 새로운 삶을 살아가는 데 큰 도움이 된다. 즉 지금 어려운 삶을 도와주는 관점보다, 앞으로의 나아진 삶을 이끌어 내는 것이 너무나 중요하다. 사회적 불평등에 대한 의구심이, 그 어느 때보다 높아진 지금의 초고령화 사회에서 우리 자녀들은 행복할 수가 없다. 내 부모를 비롯한 노인들의, 노후 준비가 되어 있는 노인이 거의 없다고 할 수 있기 때문이다. 그 책임이 젊은 세대에게 모두 전가될 것을 누구고 다 잘 알고 있다. 이제 복지는 국가적인 것에서 마을 중심으로 전환되어야만 한다. 내가 사는 마을의 복지가 이제 가장 중요한 관점이 되는 시대가 되었고 누구도 그것에서 자유로울 수가 없다.

 돌봄과 보살핌이 함께 하는 복지로, 연대와 공동체의 회복을 이끌어 내어야 한다. 그런 의미에서 마을에 함께 살고 있는 주민은 누구일까? 나는 수혜자일까? 대상자일까? 수혜자이거나 대상자이거나 함께 가는 주민이어야 하며 대상자를 문제나, 결핍의 존재로 여기지 말아야 한다. 우리 마을의 복지는 내 삶을 바꾸고 틈새를 메워주며, 실무자는 동반자나 파트너가 되어야 한다. 소외감과 열패감 밑에 감추어져 있는 자존과 자립의 욕구를 이해하며 북돋아 주는 복지가 무엇보다 시급하다. 관점의 전환으로 행복한 마을 공동체를 만들어가는 노력을 해야 하며 누구든지 지속가능한 협력에 동참해야 한다. 내가 지금 살고 있는 마을의 진정한 구성원이 되어 살기 좋은 마을을 만들어가고 싶다. 내가 모두와 행복하게 어울리는 마을 말이다.

PART 3.
심판의 날에 뜨는 비행기

03:01

1997년, 청주 소로리에서 발견된 볍씨

　지구 위에 존재하는 많은 나라들 가운데 중국은 정말이지 특이한 나라이다. 15억에 육박하는 인구를 가졌으나 56개의 다민족으로 이루어졌고, 그렇게 큰 땅덩이가 쓸모 있는 땅은 그다지 없다. 그토록 많은 호수와 계곡과 강이 있으나, 그냥 떠서 마실 물이 많지 않아 차 문화가 발달했을 정도이다. 중국이라는 명칭도 가운데의 나라라는 말일뿐, 공산당이 지정한 이름 외엔 정확한 국명이 없다. 그 가운데 정말이지 특이한 것은, 이 작은 한강토의 모든 것을 그렇게나 탐을 낸다는 것이다. 지구상에 있는 나라의 이름 중에 한국이 들어간 나라가 30개국이 넘는데, 중국에 귀속되지 않고 지금까지 독립국을 이루고 있는 이 대한민국은 사실 아시아 역사를 연구하는 학자들에겐 불가사의라고 한다. 이렇게 독립국으로 살아남을 수 없는 나라가 오늘날 세계 10위 안에 드는 선진국이다.

　잠시 식민 시대를 살았던 때도 몽골의 원나라 때였지, 중국의 어느 왕조도 이 한강토를 복속시키지 못했다. 그런 근본적인 열등감이 있는 것인지, 중국은 그저 무엇이든 자신들이 원조요 자국으로부터 시작되었다고 우기고 본다. 그중의 하나가 쌀이다. 쌀은 아시아의 주요 작물이기도 하지만, 한강토에서의 쌀은 식량 이상의 특별한 의미를 가지고 있다. 그런 쌀이 중국에서 처음 재배되었고, 우리나라가 재배 기술을 배워 갔다는 것이 역사의 정석처럼 말하던 시기가 있었다. 쌀도 우리가 준 거야! 콧대를 세웠던 중국의 기고만장은 어느 날 와르르 박살이 났다. 그런데 따지고 보면 이 지구의 어느 곳이든지 그곳에 처음 생겨난 것이 있고 인간의 필요에 따라 재배되고 번식되어 퍼진다고 생각하는 것이 당연한데, 중국은 유독 뭐든지 자기네가 원조고 원류라고 해야 직성이 풀리는 묘한 땡고집이 있다. 그게 한국과 얽히면 더 심해진다. 그게 열등감의 발로가 아니면 뭐란 말인가?

　그래서 쌀도 자기네 땅에서 처음 생겼고 그것이 한강토에 들어가서 주식으로 먹고 살았으니, 너네는 감사해야 한다는 기묘한 논리를 가지고 있었다. 조물주가 가르쳐 주지 않으니 그 먼 옛날 일을 알 길이 없고 그저, 그려! 니네 땅에서 처음 볍씨가 자라서 이 한강토까지 건너와서 우리들이 이렇게 잘 먹고 살고 있어. 우리한민족은 그다지 신경 쓰지 않았다. 우리는 무엇이 우리나라가 처음이라는 것에 대범한 민족이다. 그러나 이 한강토의 백성 또한 지구의 다른 어떤 민족들도 갖지 못한 묘한 것이 있으니, 내 것이라고 판명된 것에 대한 강한 열정이다. 무심히 내버려둘 수는 있을지언정, 결정적일 때 절대 물러서지 않는다. 그래서 쌀의 볍씨가 원래 중국에서 전래되었고, 최초로 중국인들이 재배해서 그 기술이 퍼진 것이라는 역사적인 사실에 이의 없이 수긍했다. 그러나 그런 역사가 뒤집힌, 그야말로 역사적인 사건이 벌어졌다. 1997년, 이 한강토의 청주 땅 소로리라는 곳에서 태초로 재배한 볍씨가 발견된 것이다.

청주 소로리의 역사는 오래되었다. 조선시대에 세조가 온양온천으로 다니다가 글 읽는 소리가 그치지 않는 것을 듣고, 공자의 나라인 노나라와 같다고 하여 소노라고 불렀다는 기록이 있는 곳이다. 그곳에서 자그마치 15,000년 전의 볍씨가 발견되었다. 1997년의 일인데 이 발견이 있기 전엔, 중국 화북지방에서 11,000년 전에 발견된 볍씨가 가장 오래되었으며, 그래서 벼의 재배가 중국에서 시작되었다는 것이 정설이었다. 벼는 아시아뿐만 아니라 전 세계의 60% 이상의 중요한 식량이고, 그 식량의 재배가 어디서 시작되었는지는 아주 중요한 일이었다. 소로리에서의 발견 이전엔 중국이 원산지국으로 당연했고, 세상의 모든 쌀은 중국을 중심으로 퍼져 나갔다는 것이 자부심이었다. 그러나 소로리에서 출토된 볍씨의 발견으로 그 자부심은 와장창!

깨졌고 그들은 의문을 제기했다. 15,000년 전이면 구석기 말 빙하기의 끝 무렵인데, 아열대 식물로 알려진 벼가 추운 한강토에서 자랄 수 없다는 것이다.

그러나 2001년에 개시된 2차 발굴 작업에서 출토된 볍씨는 고대벼 6톨과 유사벼 30톨이었다. 이 귀중한 자료는 서울대 방사선탄소연대측정 연구실과 미국의 지오크론 연구실로 보내져서 정확한 측정 연대 값을 얻어, 소로리볍씨가 현존하는 가장 오래된 벼임을 확인해 주었다.

2003년 10월 22일, 영국 BBC 방송은 '세계에서 가장 오래된 볍씨가 한국의 소로리에서 발견되었고 과학자들이 이 사실을 입증했다."라는 기사를 내보냈다. 소로리 볍씨가 세계에서 현존하는 가장 오래된 볍씨인 것을 인증받은 것이다.

그뿐 아니라 소로리 유적의 토탄층은 벼의 기원과 진화, 전파 경로를 밝힐 중요한 유적으로 관심을 모으고 있다. 이 사실을 애써 외면하는 중국 학자들은 자신들의 학자적 양심을 어디에 감추고 있는지 묻고 싶다. 동북공정뿐만 아니라 한복, 김치 온돌 등등, 전부 다 중국에서 비롯되었다고 뻗대는 그들은 대국이 아니다. 56개의 소수민족들이 모여 사는 다민족, 다문화 국가일 뿐이다. 항상 말하지만 대륙일 뿐이지 대국은 결코 아니다.

03:02

짐승 같은, 짐승보다 못한

    요즘 밤마다 보는 것은 동물 다큐이다. 원래 나는 동물을 무서워하고 엄청나게 두려워해서 화면에 나오는 것도 잘 보지 못한다. 특히 새끼를 낳는 것, 사냥하는 것 설치류나 파충류 등등… 동물의 왕국도 못 봐서 이상한 사람 축에 속한다.

    그런데 "야생의 새끼"라는 다큐멘터리 제목이 마음을 끌어, 처음에 대충 보다가 다시 시작해서 결국 밤을 새우고 말았다. 전 세계의 야생동물 서식지를 돌면서 각종 동물의 탄생과 성장기를 보여주는 다큐멘터리인데, 나는 큰 충격을 받은 것 같다. 어쩌면 그동안 동물에 대한 프로를 안 본 때문인지도 모르겠지만 나는 눈물을 흘리며, 마음으로 마구 응원하면서 한 장면도 놓치지 않고

다 보았다. 자연은 어쩌면 저렇게도 경이로우며, 동식물은 어쩌자고 그렇게도 다양한가?

무엇 때문에 이렇게나 헤아릴 수 없는 동식물들이 지구별에서 각자의 생을 살아가는 것일까? 이렇게까지 다종다양한 필연적인 이유가 존재하는 것일까? 동물들의 삶은 한마디로 정의하면, "살아내기, 그리고 남기기"였다.

모든 삶이 다 그러하겠지만 오직 본능에 의해서만 존재하는 동물들의 살아내기에 인간의 모든 삶의 모습들이 있었다. 그리고 전율스럽도록 끔찍한 새끼에 대한 애정과 헌신과 희생... 효도를 바라거나 키워준 보답을 바라는 것이 아닌, 오직 남기기의 순수한 원형을 동물들은 이어가고 있었다. 부모 또는 어미의 희생이 아니면 존재할 수가 없는, 이 이어짐의 뜻이 무엇일까를 정말 심각하게 생각해 보게 된 다큐였다. 대부분의 동물에게 아비는 없었다. 그러나 부부가 함께 키워내는 동물이건, 어미만 키워내건 간에 원형의 자식 사랑이 무엇인가를 보았다. 이어서 "낙원에서 살아내기"라는 다큐를 보았는데, 나의 잣대가 너무 어이없음을 깨달았다. 가장 감명받은, 사자의 자식 사랑에서였다. 사자는 암컷이 새끼를 가지면 무리에서 내쫓기거나, 수컷은 자식들을 모르는 체하고 사냥과 양육은 모두 어미와 그 자매들의 몫이었다.

분명 그 사자의 새끼인데도 무리에서 떨어져 몰래 낳아서 다시

합류하기까지, 아비 사자가 받아주지 않으면 새끼는 죽을 수밖에 없었다. '야생의 새끼'를 보면서 제일 미웠던 것이 사자였다. 어쩜 저렇게 인간의 못된 아비들과 흡사할까라고. 그런데 '낙원에서 살아내기'를 보면서 사자에 대해 또 놀랐다. 어느 사자 무리의 리더는 늙고 지쳤는데, 어느 날 두 마리의 젊고 활기찬 수사자들이 들어와서 리더를 끝장내어 버렸다. 무리를 점령한 수사자들은 제일 나이 많은 암사자를 가차 없이 쫓아내었다. 식량만을 축내는 나이 든 암사자는 용도 폐기였다. 홀로 사냥도 잘못하고 거의 살 가망이 없는 암사자에게도 어김없이 발정기는 찾아오고, 떠돌이 수사자가 그녀의 남편이 되었다. 이 사자와 합류해서 가정을 이루었으면 바랬으나, 볼 일만 마친 수사자는 석양의 장고처럼 떠나버렸다. 이제 암사자는 임신한 몸이 되어 오도 가도 못하게 된 것이다.

나는 침대에 핸드폰을 던질 정도로 분노했고 암사자는 죽을 수밖에 없다고 애가 달았다. 그러나... 나이 들어 임신한 암사자는 놀라운 모성의 힘으로, 몸집의 두 배 이상인 들소를 혼자 사냥하고 새끼들을 낳았다. 새끼들을 위해 먹어야 했고 그 강한 모성의 본능이 암사자를 살게 했다. 그리고 새끼 네 마리를 낳았고, 그녀는 그 새끼들을 키우기 위해 또 살아야 했다. 그런데 그녀를 무리에서 내 친 수사자 두 마리가, 그녀가 낳은 새끼들을 알아차리고 죽이려고 덤벼들었다.

그 두 마리의 수사자를 어미 암사자는 사생결단하고 물리치고 새끼들을 구했다. 비록 한 마리는 잃었으나 세 마리의 새끼는 잘 자라서 그녀의 훌륭한 가족이 되어줄 것이었다. 내가 얼마나 인간적인 오만으로 동물을 보았는지를 깨달은 순간이었다.

만약 수사자가 암사자를 임신시키지 않았으면 그녀는 결국 그대로 아사했을 것이다. 암사자를 살게 한 것은 모성이었다. 떠나버린 수사자는 본능이 시키는 책임을 다했고, 암사자 또한 본능의 모성이 그녀를 불굴의 투사로 만들었다. 인간이 금수의 제왕이 된 이유가 무엇인지는 모르겠으나 동물의 본능이 이 자연에 존재해야 할 이유를 알게 되었다. 짐승보다 못한 인간은 존재할지라도 짐승 같은 인간이란 말은 욕이 되어서는 안 된다. 이 땅에 생육하고 번성해야 할 절체절명의 삶을 이어가는 동물들의, 인간보다 더 인간적인 이야기에 진심으로 겸허해진다. 오로지 지구별에 자기 유전자를 오롯이 남기기 위한, 새끼를 향한 원초적인 사랑을 인간은 가지고 있을까? 많은 것을 주지 못하는 부모를 원망하고, 남보다 잘난 자식을 가져야만 하는 우리. 인간들이 동물보다 낫다고 할 이유를 부지런히 찾아본다.

03:03

서로를 위로 하며 격려하며

　인류가 이렇게까지 진화하며 지구의 주인으로 군림해 온 것은 어찌 보면 기이한 일이라고까지 말할 수 있다. 인간의 허약함이란 모든 포유류 가운데 단연 으뜸이어서, 울음을 터트리면서 모태를 벗어난 순간부터 스스로 목숨을 부지할 그 어떤 방법이 없다. 오로지 보호해 주고 양육해 주는 존재에 의지해서 목숨을 이어나갈 수밖에 없는 것이 인간이다. 그런 인간이 멸망하지 않고 이토록 번성한 것은 많은 이유가 있겠으나, 가장 큰 이유는 그 무엇보다 강하고 질긴 핏줄의 힘이다. 내 핏줄을 향한 원초적인 보호본능은 인간을 지켜주는 가장 강한 힘이요 마법이었다. 암살과 독살이 난무하고 혈투가 일상이었던 고대와 중세 시대에서도 내 핏줄과 내 가문을 지키려는 일념이 인간의 연대기를 이어 왔다.

그런데 그 강한, 그 무엇도 깨트릴 수 없을 것 같은 원념을 허무하게 무너트리는 것이 있으니 바로 전염병이다. 아무리 사랑하고 애지중지하는 장중보옥일지라도 전염병에 감염되면 가장 가까운 식구들이 누구보다 먼저 멀리해야 했다. 후계자일 경우에는 더했다.

프랑스의 루이 15세는 천연두로 64세에 사망했는데, 그토록 오랜 통치에도 불구하고 손자였던 루이 16세 부부는 물론이고, 친척 그 누구의 애도도 받지 못했다. 아들이었던 왕세자는 이미 죽었고, 하나 남은 왕위 계승자는 왕위를 이어야 하기 때문에 루이 15세가 발병하자 앙투아네트와 함께 베르사유를 떠나 피난을 가버렸다. 약도 치료법도 없고 그저 멀리멀리 피하는 것만이 살 수 있는 길이었다. 전염병은 그렇게 철저하게 혈육을 갈라놓았다. 옮으면 죽을 수밖에 없었고 달리 방법이 없었던 시대가 불과 얼마 전이었다.

지금 21세기라고 크게 다르지 않다. 그저 치료법이 있고 약이 발견되었을 뿐이다. 페스트, 한센병, 매독, 천연두, 말라리아, 발진티푸스, 결핵, 콜레라, 에이즈, 에볼라, 사스, 메르스… 그 외 수많은 바이러스와 세균들은 끊임없이 인간을 공격했고 위에 열거한 전염병들 가운데 완전히 정복한 병은 얼마 되지 않는다.

지구의 연대기에서, 인간이 태어나 이 모든 전염병에서 무사히 벗어나서 천수를 누리는 행운은 참으로 기적이랄 수밖에. 인간의 이 기적은 결코 신의 은총이 아니다. 인간이 가진 불굴의 의지와 타인을 향한 연민과 숭고한 이타심이 이루어낸 기적이다. 종교는 신을 향한 믿음이 최고의 신앙을 이루어 인간의 바람을, 선으로 이루어내는 것이지만, 인간이 인간을 향한 절대의 선은 이타심이다. 내가 아닌 타인을 위한 선에 절대적인 가치를 두고, 모든 것을 바친 인간들의 숭고한 이타심이 우리들을 전염병의 참혹한 마수에서 구원했다. 그것이 아니면 인류는 벌써 멸종했다.

사랑하던 가족들은 병을 피해 도망갔어도, 의사와 간병인들은 끝까지 병자들을 돌보았고 그런 와중에서 병을 고칠 치료법을 찾고 백신을 만들었다. 타인의 병을 낫게 하기 위해 밤낮으로 고생하다가 의사는 결국 죽음을 맞이하고, 인류의 역사와 함께 그런 일은 반복되었다. 사람들은 그것을 간단하게 의학의 발전이라고 불렀다. 그러나… 그 발전을 위해 얼마나 많은 의료인들이 희생되었을지 우리는 한 번이라도 생각해 보았을까? 불과 몇 년 전에 기승을 부렸던 코로나19의 치료를 위해 수많은 의료진이 벌인 사투는 이루 말로 다 할 수가 없다. 팬데믹의 와중에 사망자도 생기고 밤낮의 과로로 인해 너무나 많은 고통을 감내하고 인내하며 우리는 그 덕분에 끔찍한 터널을 빠져나왔다.

직업이었기에 자신의 할 일을 다하고 돌아간 인간은 위대하다. 어떤 보상이나 명예도 바라지 않고 자신의 일이었기에 그 자리에서

할 일을 다 하고 죽을 힘을 짜내어 버티고 있다. 인류의 역사는 바로 이런 사람들의 이타심에 의해 지탱되어 온 연대기에 다름아니다. 그래서 인간이라는 종이 지구의 가장 꼭대기의 주인이 될 수 있었다. 현재의 수많은 기후 문제를 해결할 수 있는 것도 바로 인간의 인류애와 이타심이다.

결국 각자의 자리에서 각자의 몫을 다하는 것이다. 이타심에서든, 정치적 이기심에서든 말이다. 전염병은 나와 내 이웃이, 나아가서 내가 살고 있는 내 나라가 어떤 수준인지를 적나라하게 알려주는 바로미터가 되기도 한다. 지금 대한민국의 수준은 냉정하게 평가해도 평균 이상이다. 그것은 국가의 역량이라기보다 일선에서 몸으로 부딪치며 매일 전쟁을 치르는 우리 의료진들의 수고의 산물이다.

우리는 감염에 대처하는 나라의 방식에 신뢰를 가지고 함께 이 위기를 극복했다. 정치적으로 발발한 일로 인해 맹렬하게 비난하고, 남 탓하면서, 고군분투하는 의료인들을 탓하는 우를 범해서는 안 된다. 중세 시대 페스트가 창궐했을 당시, 페스트로 죽은 사람보다 그로 인한 유언비어로 생긴 원한과 보복으로 죽은 사람들이 더 많았는데, 우주 시대인 현대조차도 그런 맥락에서 벗어나지 못한다면 대체 인간의 존엄성은 어디에 있단 말인가? 남을 탓하기 전에 나를 조심할 일이다. 전염병은 사라지거나 풍토병으로 자리 잡아 인간과 함께 살아가기 마련이고 이제 또다시

확산되는 조짐이 보인다. 비록 남을 위해 희생할 이타심은 없을망정, 동시대를 살아가며 겪는 재난에 대한 인식은 공동의 선을 이루도록 조금은 희생할 일이다. 그 공동의 선이 결국 온전한 지구 환경을 지키는 모든 것이 될 것이기 때문이다.

03:04
플라스틱 조화 쓰레기

아버지를 공원묘지에 묻던 음력 11월 5일의 그 추운 날, 석계공원묘원의 주변에 별로 분묘가 없어 마음이 더 쓸쓸했다. 양산에 위치한 묘원은 그 당시에 공원묘지로 분양되고 있었다. 6평의 묘지 한쪽은 비어있어 훗날 엄마가 그 옆에 잠들었다. 찾아갈 때마다 묘가 늘어났고 온 산이 울긋불긋했다. 성묘객들이 꽂아 놓는 조화 때문이었다. 조화는 생화가 가질 수 없는 선명한 색감이 있어, 햇빛 아래서 보는 조화의 행렬은 유독 서글프고 마음을 찢는 무언가가 있다. 묘지나 기리는 곳에 꽃을 놓아 추모의 마음을 나타내는 것은 그 역사가 오래되었다. 외국의 묘지엔 대부분 생화인데 우리나라는 조화를 쓴다. 살아있는 생명이 아니기에 우리의 조상들은 국가적인 행사에도 조화를 만들어

올렸다. 어사화라든지 혼례식에도 조화를 올렸으나 만드는 방법이 달랐다. 모든 경축의 행사에도, 모든 곳에, 모든 것에게 신의 보살핌을 바라는 축원이었다.

그러나 그 조화는 오늘날의 플라스틱이 아닌, 종이를 물들여 갖은 정성으로 만든, 마음을 내보이는 꽃이었다. 지화가 얼마나 만들기 힘든지 제대로 만들어보지 않은 사람은 모른다. 산 밑의 오두막집 무녀의 신당에도 지화가 올랐으니 그것은 정성이었다. 그러나 오늘날의 성묘하러 가는 꽃은 전부 플라스틱으로 만든 조화이다. 딱 색감만 보아도 그 묘지에 성묘객이 언제쯤 왔다 갔는지 짐작이 된다. 나도 가져간 꽃을 바꾸고 성묘를 마치고 나면, 낡은 꽃은 아무 생각 없이 주차장에 있는 쓰레기통에 넣었다. 생화를 한 번 가져갔더니 짐승이 출몰할 수 있다고, 음식과 함께 꽃도 도로 가져가라고 해서 다음부턴 조화만 가지고 갔다. 명절 부근이면 쓰레기통에 넘치는 꽃들이 말도 못 했다. 을씨년스러운 간이 건물 주변에 쌓인 조화의 쓰레기는 그 모습만으로도 기괴했다.

조화는 여러 가지 소재로 만들어진다. 가장 비싼 것이 한지를 물들여서 만든 것이고, 천으로도 만들지만, 묘역에 꽂는 꽃들은 거의 플라스틱 꽃이다. 지화나 비단 꽃은 아무리 비싸도 자연의 바람과 햇살 아래서는 생화보다 목숨이 짧다. 이것을 처리하는 것으로 전국의 공원묘지나 현충원 등 많은 묘역에서 골머리를 썩인다고 한다. 우리는 그냥 고인을 기리는 마음으로 헌화하는 정성을 보이기 위해 조화를 바치지만, 실은 이 조화가 생성하는 악영향이 한둘이 아니다. 햇빛과 비 등 날씨에 의해 망가지면서 미세 플라스틱이 발생하고 있다는 것을 웬만한 사람들은 모른다. 플라스틱 조화는 거의 중국에서 수입되고, 싸고 오래가기 때문에 수입량은 해가 갈수록 늘고 있다. 그러나 이 조화를 폐기하기 위해 소각하면 다이옥신이라는 유해 물질이 발생한다. 땅에 묻어도 안 되고 어떤 방법으로도 이 조화 쓰레기를 없앨 방법이 없다. 그저 태울 수밖에 없는데, 유해질의 발생을 어쩌지 못하고 있다.

이런 이유 등으로 플라스틱 조화를 헌화용으로 사용하지 말자는 움직임이 시작되었고, 2022년 경남 김해 지역의 공원묘지들에서 시작되어 확산 중이다. 인간의 머리에서 모든 것이 나왔고 별별 물건들이 다 나오는데, 왜 이런 추모의 마음을 전할 꽃은 플라스틱으로 고정되어 변하지 않는 것일까? 몇 가지 포인트가 있는데 싸고, 변하지 않고, 편하게 지참할 수 있다는 장점 때문이다. 생화가 가장 좋은 선택이겠지만 몇 배의 가격을 더 주고 사기가 쉽지 않다. 그러면서 생화는 금방 시드니까라고 말한다. 또 시드는 이유보다도 공원묘지에선 야생동물의 출몰을 꺼려해서 가져가지 못한다. 그러나 어떤 변명을 하더라도 생화 헌화 이상의 방법이 없다. 생전에 고인이 좋아하던 꽃 몇 송이가 아무리 비싸더라도 헌화하지 못한다는 것은 말도 안 된다.

놔두고 오기 때문에 문제가 발생하면 도로 가져오면 되는데 그것도 쉽지 않다. 외국의 묘역에서 꽃이 시드는 모습 그대로 놔두면서, 또 새로운 꽃으로 바꾸는 모습들을 볼 때 많은 생각을 하게 된다. 고인을 기리는 마음과 함께 헌화하고 곧 시들더라도 그 향기는 남아있다. 그리고 생명은 죽고 소멸하여 가는 것이 삶의 순환이다. 조화를 거두어 처치하지 못하는 쓰레기로 만드는 것보다, 생화가 시들어 버려지면 자연으로 돌아가는 것을 택해야 한다. 외국의 많은 묘지들이 도시 안에 있고 그 무덤마다 꽃들이 있는데 싱싱하기도 하고, 시들고, 말라비틀어져 바람에 날아가기도 하지만 그 모습은 인생의 모든 모습이듯이 아름답다.

장례 문화도 많이 바뀌고 죽음에 대한 인식의 변화도 가파르게 달라지는 이 시대에, 플라스틱 조화를 헌화하는 것도 이젠 사라져야 한다. 비바람이 몰아쳐도 선명한 조화의 색깔이 효도의 증명은 아니다.

03:05

먹는 죄, 사는 죄

　우리의 입에 들어가는 모든 음식의 본질은, 자연의 모든 생물의 죽음이다. 아이들에게 이런 식으로 말을 하면 학대나 다름없을 정도로, 이 말은 무섭고도 무거운 말이다. 그러나 한 치의 어김도 없이, 맞는 말이고 앞으로도 그럴 것이다. 한 알만 먹으면 배가 부르는 약이 개발되지 않는 이상 말이다. 산 채로 먹어도 숨이 끊어져야 음식이 되고 살아갈 수 있는 영양이 된다. 인간만이 아니라 이 지구상의 모든 생물의 숙명이다. 다른 것의 죽음을 먹지 않으면 생존할 수 없는, 살아가는 것의 무거움. 그런 중에도 인간은 가장 무거운 죄를 저지르고 살아간다. 못 먹는 것이 없는 존재가 인간이기 때문이고, 건강과 장수를 위해서라면 어떤 엽기적인 먹을거리도 찾아서 먹는 생물이 인간이기에 그렇다.

텔레비전을 보면 음식 프로에 신선하다는 표현을 쓰는 것은 다 살아있는 것이다. 바다에서 갓 잡아 올려 펄쩍펄쩍 뛰는 물고기를 보면서 리포터가 하는 말은, 정말 신선하고 맛있어 보여요!라는 탄성이다. 생명이라는 생각은 아예 없이, 오로지 먹을 것, 그것도 살아 있으니 신선한 먹거리라는 인식밖에 없기에 그런 리액션이 나오기 마련이다. 나는 회를 전혀 먹지 못하는데 어릴 때부터 그랬었다. 어른이 되어서는, 살아서 버둥거리는 것을 그대로 내리쳐서 살점이 벌떡벌떡 뛰는 것을 먹는 모습을 보면서 아예 입에 댈 마음이 사라졌다. 살아있는 낙지를 그대로 먹거나, 펄펄 끓는 해물탕 안에서 꿈틀거리는 낙지나 문어를 보면 그대로 입맛이 사라져 버린다. 그들에게도 불멸의 영혼이 없다고 누가 말할 수 있으랴?

그런 나를, 사람들은 별나다고 하는데 나는 정말 진심으로 생각하는 것이 있다. 저 생물들이 저렇게 죽을 때 아무런 고통을 느끼지 못하는 것일까?

고통은 인간만이 느끼는 것이고, 그 외의 생물들은 타력에 의해 죽임을 당할 때 아무런 것도 느끼지 못한다고 누가 단정했을까? 만물을 식재료로 삼는 것은 인간의 필연적인 죄이지만, 거기에 고통을 주는 죄까지 더해야 하는지 묻고 싶다. 죽여서 식량으로 삼아야 한다면 고통 없이 죽도록, 그 신체인 고기를 감사하게 먹고 나이 들면서 가급적 덜먹기를 바라는 것은 순전히 나의 감상인지도 모른다. 모든 식물은 자신을 지키기 위한 독을 가지고 있는데 그 독성이 발현되는 것은 땅에서 뽑힐 때라고 한다. 인간에게는 수확이지만 식물은 죽임을 당하는 시작인 것이다.

대부분 인간이 모르고 흡수하고 때로 그 독성이 영양이 되기도 하지만, 식물도 자신을 보호하고자 하는 본성이 있다. 땅에서 뽑히는 순간 발현되는 독성은 곧 고통의 아우성일 것이니 어찌 사람의 몸에 이로우랴? 그래서 옛날 우리의 농부들, 선조들은 모든 식물에서 말을 걸었다. 파종할 때, 기를 때, 특히 수확할 때 이제 때가 되었으니 고맙다고 치하했다. 그것이 어리석음의 소치이겠는가? 아주 어린 날의 어느 삽화가 있다. 외조모가 설거지물을 찬방 밖에 버릴 때 물들어 간다, 물들어 가니라 하던 목소리가 비현실적으로 기억나는데, 어느 책에서 보니 옛날 어머니들은 다 그랬다는 것이다. 아주 작은 미물들이 땅바닥에 살고 있는데, 뜨거운 개숫물을 버릴 때 피하도록 그렇게 말한다고 했다.

우리네 심성은 그랬다. 닭 한 마리를 잡아먹어도 고통을 느끼지 않도록 순식간에 죽이고 완전히 숨이 멎은 후에야 털을 뽑았다. 백정이 소를 잡을 때의 의식은 경건했고, 이제 인간으로 환생할 것이니 부디 원도 한도 가지지 말고, 바삐 삼도천을 건너 귀한 몸 입고 오시라고 빌고 또 빌면서 보냈다. 소든지 물고기든지 우리 몸에 들어가는 음식이 되는 모든 생물에게 가지는 마음에, 감사 한 조각이 없다는 것은 비정하기 이를 데 없는 일이다. 요즘같이 바쁜 세상에 먹기도 바쁜데, 무슨 귀신 씻나락 까먹는 소리냐고 핀잔해도 할 말이 없다. 그러나 나이를 먹어 갈수록 내 입에 들어오는 것에 대해 많은 생각을 하게 된다. 내 앞에 놓인 음식을 남김없이 먹어주는 것이 그나마 감사하는 것임을 깨닫게 되고 나의 음식이 되어준 그 무엇에게 진심으로 기도한다.

"이 음식이 어디에서 왔는고?
내 덕행으로 받기가 부끄럽네
마음에 온갖 욕심 버리고
몸을 지탱하는 약으로 알아
깨달음을 이루고자 이 공양을 받습니다.(불교에서
공양을 받을 때 드리는 축원)"
"은혜로이 주신 이 음식에 감사합니다.
이 음식이 내 몸에 들어가 내 몸을
이롭게 하고 내 몸의 병을 고치는 약이
될 것을 믿습니다.
(음식을 먹을 때 드리는 나의 기도)"

03:06
생명의 무게는 같다... 가 맞을까?

　나는 이 나이 먹도록 다른 사람보다 많은 육식을 했다고 볼 수는 없다. 오히려 훨씬 덜먹고, 갈수록 안 먹고 있다. 그렇다고 내가 남의 살을 먹은 죄에서 자유로울 수 있을까? 죄를 묻는다면 말이다. 나는 못 먹는 것도 많고 요즘은 닭고기나 돼지고기를 조금 먹는다. 어쩐 일인지 고기가 별로 달지 않다. 그러나 인간은 육식을 하는 생명체이고, 신은 지구의 어떤 동물도 인간에게 허락했다고 믿는 사람들이 많다. 시대를 거슬러서 살펴보면 옛날 사람들이 얼마나 다양하게 육식을 즐겼는지 알 수 있다. 진귀한 동물일수록 진미로 여겼으며, 그것을 먹는 것을 권력이 가지는 특권으로 알았다. 그러나 대부분 동물의 살코기는 그다지 맛있는 것이 아니었고, 특유의 누린내와 질긴 식감으로 차츰 식탁에서 사라졌다.

우리들이 지금 즐겨 먹는 동물들은 그런 과정을 거쳐서, 나름대로 맛이 있기에 인간의 식탁에 오를 특권을 얻었다. 말하자면 인간의 먹을거리로 선택되었다는 뜻이다.

소, 양, 돼지, 닭, 오리, 거위, 칠면조, 말, 토끼도 어느 지역에선 별미로 조리되어 먹고 있고 꿩이며 참새도 맛이 있기에 먹는다. 그 외 메추라기 등등... 다 모르겠지만 인간의 식육사에 절대 빠지지 않은 동물 중에 개가 있다. 불과 얼마 전까지 우리나라는 복날이면 보신탕을 먹었으나 요즘은 파는 가게조차 보이지 않는다. 다른 나라는 어쩌니저쩌니 말할 것 없이 우리 국민의 정서가 이젠 보신탕을 용납하지 못하는 것에 이르렀다고 말하는 것이 옳다. 영부인이 주장했다고는 하지만 국민의 정서가 그에 이르지 않았다면, 절대 통과될 리가 없는 일이다.

왜냐하면 우리나라는 오랜 전통이 있는 개육식의 나라이기 때문이다. 현재 나이 50세 이상의 사람들은, 자신이 먹거나 안 먹거나 보신탕이 보양식임을 인정하고 있다. 나는 보신탕을 먹기는커녕 그 음식을 만드는 가게조차 들어가지 않을 만큼 혐오한다. 특정한 음식에 대해 혐오라는 말을 붙이는 것이 얼마 없는데, 내가 애견인이어서 그런 것은 절대 아니다. 나는 아주 어려서부터 고기의 종류를 모를 때에도 거부했고 아버지가 먹이기를 작정했지만 안 먹었다. 끔찍한 병을 앓고 난 딸의 회복을 위해 소고기인 양 먹이려고 했으나, 입을 꼭 다물고 소고기 아니라

울며 거부하더라는 이야기를, 아버지는 수백 번 하면서 신기해했다. 그 정도이니 식육의 개가 이젠 사라진다는 것을 누구보다 쌍수를 흔들며 환영해야 한다. 그러나 이 사실에 대해 나는 마음이 매우 불편하다.

개식육을 못 하게 하는 이유는 동물 사랑이 아니다. 동물 사랑으로 포장하지만 그렇다면 모든 동물의 식육을 금해야 한다. 듣자 하니 보신탕의 대용품으로 흑염소를 권장하고 있고 가게들도 그렇게 바꾸는 것에 국세가 구천억 이상이 소용될 예정이라고 한다. 그렇다면 개고기의 대용품이 될 흑염소는 동물이 아니며 생명이 아니란 말인가? 개식육을 그만두게 만드는 이유는 오직 한 가지. 인간의 위치 버금가게 변한 개의 위상 때문이다. 개는 반려라는 이름이 붙었고, 사람은 가족이며 집사가 되어 온갖 시중을 든다. 그 행위 자체가 사랑이며, 사랑을 나누는 것으로 행복을 주는 존재가 되었다. 아주 오래전부터 개는 인간의 주변에서 모든 것을 내어주며 함께 살았다. 지켜주고, 일을 해주고, 겨울의 한기를 피하는 온기를 주었으며, 살과 가죽까지도 내어준 존재이다.

개의 특성이었기에 그랬겠지만 인간과 함께 살면서 지능이 더 발달하고 인간의 사랑을 받게 특화되면서 진화한 결과이다. 그러니 이제 가족이 되었으니 식육을 금해야 하는 것은 지극히 당연한 일이다. 그럼에도 그 개의 대신으로 다른 동물을 더 죽이는 것에 어떠한 죄의식도 없는 일반적인 동물 사랑이 가식적이란 말이다. 인간의 선택에 의해 개는 완벽한 견생을 누리게 되었고 다른 동물은 죽임을 당한다. 모두 인간의 기준으로 생명의 향방이 결정된 것이다. 개를 구조하면서 눈물 흘리고 애타지만, 결과물을 기뻐하며 모여서 삼겹살에 소주를 즐긴다. 개는 애완이지만, 돼지는 식육이라고 단정하기 때문이다. 그러니 동물 사랑이라고 쉽게 말하지 말라. 특정한 동물을 사랑한다고 해야 하며 모든 동물의 생명의 무게를 그 입에 담아서는 안 된다. 우리가 닭을 지금의 개처럼 사랑했다면 치느님은 없다.

03:07

도시 재생, 개발의 의미

　오늘은 특별한 체험을 하러 오전 10시에 인천역에 모였다. 서구 지속 가능발전협의회의 회원들이 모여 화도진을 중심으로, 만들어지는 철길마을 사업, 괭이부리 마을, 주꾸미 마을 사업, 만북 접경 마을 사업, 원괭이 마을 사업, 정원 마을 사업, 등 여섯 마을을 세 시간 동안 걸으면서 돌아보았다. 인천역을 중심으로 첫 개항지인 만석동, 송월동, 화도진을 비롯해서 자유 공원 등, 이곳은 산업 유산과 문화 유적이 많이 남아 있는 곳이기도 하다. 인천은 1876년 강제 개항되었고 그로 인해 각국의 문물이 물밀듯이 들어왔다. 1875년, 일본은 운요호 사건을 빌미로 1876년에 불평등 조약을 체결하고 그 조약 1항이 원산, 인천, 부산 등 3개 항의 개항이었다.

선진 문물을 받아들이기 위한 자국의 개항이 아니라 총포를 앞세운 강제에 의해 열린, 힘없는 나라의 수난사가 이 화도진을 비롯한 여러 곳에 남았다.

화도진을 중심으로 여섯 개의 마을 개선 사업의 실체를 보면서, 오래되고 낡고 불편한 주거 지역을 개발하는 방법에 대해, 많은 생각을 가지게 되었다. 마치 6, 70년대의 마을을 일부러 재현해 놓은 듯한 마을의 모습들은 가슴 뜨거운 그리움마저 불러일으켰다.

그러나 주거 지역은 낡고 오래되어도 놀라운 인프라가 마을 곳곳에 있었다. 한 사람이 다니기도 힘든 골목들을 원래의 모습 그대로 보존하면서, 그 주변의 곳곳이 주민들의 편리와 정서를 세심하게 배려한 것에 감동하였다. 공장들과 변전소 등의 산업 시설과 이웃해 있는 주거지 주변과 담은, 채색이 되어 있거나 작은 공원이라도 함께 있어 주민들의 애착심이 느껴졌다. 아주 낡은 집들은 지자체가 매입해서 깜찍한 소공원들을 만들고, 곳곳에 쉼터가 있어 마을의 정겨움이 너무나 좋았다.

아파트 숲과 온갖 편리 시설이 있는 신도시를 많은 사람들이 동경하고 살고 싶어 할 것이다. 그러나 모두가 그럴까? 지금 60대 이후의 주민들은 모두 어려운 시절을 함께 경험해 왔고 구도심의 원주민으로 많이 남아있다. 그들은 신도시로 갈 능력도 안 되지만 자신의 마을에 대한 애착심이 높다. 젊은이들이 인구의 구성원이듯이 노인들도 나라의 구성원이 분명하다. 그렇다면 그들이 살고 있는 곳을 낡고 오래되었다고 무조건 재개발해서 쫓아내는 것이 옳은 일일까? 세계적으로 작고 오래된 마을들이 그 고장을 지키려는 노력으로 유명세를 얻고 있는 곳이 많다. 반면 인구 감소와 젊은 인구의 부족으로 소멸하는 도시도 적지 않다. 우리나라도 수도권 집중 현상으로 인해 지역의 많은 마을들이 사라지고 있다.

물건은 백 년이 지나면 엔틱이 된다고 하는데, 사람들의 거주지는 주민들의 오래된 애향심이 마을을 명품으로 만든다. 무조건 새로 짓고 재개발로 인해 계층 간의 격차가 더 벌어지는 동네가 아닌, 진정한 나의 삶터를 만드는 것이 도시개발 재생 사업이라는 것을 오늘 또다시 깨달았다. 만석동, 송월동 등의 쪽방촌을 주민의 힘으로 개선하고, 그 노력을 지자체가 도와서 만든 괭이부리마을은 어찌 보면 가난하고 구차해 보일지도 모른다. 그러나 낡은 담을 예쁜 그림으로 채우고, 곳곳에 꽃을 심고 소공원들이 있는 마을의 평화로움이 나를 사로잡았다. 아무리 좁은 골목길도 반듯한 블록으로 길을 편안하게 만든 배려는 정말이지 놀라웠다. 울퉁불퉁하게 팬 곳이 하나도 없이 예쁜 블록으로 넓게 만들어서 노인들도 걷기 쉬웠다. 주민으로서의 자긍심을 느끼도록 노력한 관계자들의 높은 의식이 마음에 닿았다.

내가 살고 있는 곳을 살면서, 조금씩 변화하게 만드는 것이 진정한, 원도심의 재생, 개발이라는 생각이 든다. 길 건너 높은 아파트들이 즐비하다 해도 내가 사는 작은 집에 더 애정을 갖기 마련이다. 조금만 더 청결하고 조금만 더 편리하도록 만들어가는 것이 조화이지 않을까? 이 시점에서 우리는 재개발과 도시재생의 의미를 다시 한번 깊이 생각해 봐야 한다. 전국의 많은, 오래되고 전통 있는 마을들이 사라져 가고 있고 그것이 발전이라고 믿는다면 모든 인류의 미래는 희망이 없다. 사람이 마음 놓고 사는 곳이 집이며, 그 집들이 모인 곳이 마을이고 나라가 된다. 갈수록 아파트로 채워지는 국토의 앞날이 무섭게 느껴지는 것은 나만이 아닐 것이다. 도심 속의 살아있는 동화 마을이 곳곳에 있다면, 우리는 좀 더 힘을 내어 살아갈 것 같다. 지구 환경을 보호하는 중요한 이슈의 하나는 내가 사는 곳이 내가 원하는 편안함과 아름다움으로 채워지는 것이다.

03:08

섬나라가 만드는 암흑의 바다

나는 많은 것을 알기도 하지만 또 너무나 많은 것을 모르기도 한다. 모르는 것을 구태여 알려고 하지도 않고 '그런가보다'라고 넘어가는 일들이 많은데, 요즘 전혀 관심이 없었는데 꼭 알아야 할 일이 있어 계속 공부하게 되는 일이 있다.

아무리 무시하려고 애써도 마치 목에 걸린 커다란 가시가 통증을 더해 오듯이 놓아지지 않는다. '후쿠시마 원전의 오염수 방류'라는 이 초유의 사태에 가장 가까운 이웃인 이 한강토가, 그저 무력하기만 한 것이 견딜 수가 없다. 시찰단이니 뭐니 하지만 그들이 할 수 있는 것은 거의 없을 것이다. 분하고 분해서 무엇이라도 하고 싶다. 원자력은 너무나 쉽고 편리하게 우리가 필요한 동력을 얻게 하지만, 사실 그 대가가 얼마나 무서운지 대부분의 사람은 인식을 못 하고 있다. 그래서 원전을 좀 더 안전하게 운용하도록 각국은 나름의 최선을 다한다. 그러나 결과적으로 안전한 원전은 없다. 그중에서도 너무나 큰 문제점은 후쿠시마 원전이 '멜트다운'이라는 것이다.

멜트다운이란, 원전의 연료봉이 통제되지 않은 핵분열로 인해 고압의 증기가 수 천도로 상승하고, 물은 고온으로 기체 상태를 넘어 플라스마 상태까지 올라가게 되는 상태를 말한다. 결국 고압으로 인해 파이프와 밀봉된 증기로와 콘크리트 지붕을 녹이고 폭발한다. 폭발 후 핵 연료봉이 단단한 원자로의 하부를 녹이고 지하 원자로 콘크리트 층을 뚫고 내려가게 되는 것이다. 결국 모두 녹아서 죽처럼 되고 만다. 전 세계에 이런 일은 세 번 있었는데, 미국의 쓰리마일, 러시아의 체르노빌, 일본의 후쿠시마 원전이다. 쓰리마일이나 체르노빌은 그나마, 원자로에 납을 붙이고 콘크리트로 덮어서 주변에 별 영향을 주지 않게 만들었다고 한다. 그러나 일본은 멜트다운된 핵 연료봉에 끊임없이 지하수와 새로운 물을 주입하고, 방사능으로 오염된 오염수를 하루 백여 톤씩 뽑아낸다는 것이다. 이 오염수를 이번에 전 세계의 바다에 흘려보낸다는 것이 저 섬나라의 어이없는 계획이다.

후쿠시마 원전의 멜트다운은 2011년 3월 11일, 지진을 동반한 쓰나미로 인해 원전 1, 2, 3호기가 동시에 폭발함으로 벌어졌다.

가장 큰 문제는 멜트다운된 원자로가 아직도 핵반응 중이고 이 핵반응이 언제 끝이 날지 알 수 없다는 사실이다. 지하로 내려간 핵원료봉이 13년이 지난 지금도 아직도 핵분열 중이라는 경악할 현실을 우리는 제대로 알고 있는 것일까? 멜트다운이 되면 원전의 핵 연료봉을 수거하거나 분리해서 핵반응을 없애야 한다. 그것이 불가능하기에 소련은 납과 시멘트를 대량으로 퍼부어서 핵분열 반응을 정지한 뒤, 외부로 방출되는 방사능의 유출을 최대한 방지 했다. 최소한 원전 지하에서 핵분열이 되어도 외부로 유출되지는 않는다. 이 방법 또한 완전무결한 것은 아니겠지만 오염수를 바다로 보내겠다는, 끔찍하게 이기적인 방법과는 차원이 다르다.

일본의 해결 방법은 가장 질 나쁜 방법으로, 세계 모든 지역에 방사성 물질을 쏟아 내어 버리겠다는 것이다. 안전하다고 점잖게 말하는 그 섬나라 인간들의 입을 주먹으로 내리치고 싶은 심정이다. 어떻게 안전하다는 망상을 현실로 만들 수 있는지 그 나라 국민들에게 직접 묻고 싶기도 하다. 핵물질이 방출되는 것을 막기 위해 오염수를 뽑아 걸러서 바다로 내보내면 안전하다는 이 발상이 바로 섬나라의 본질을 말해 준다. 바다는 너무나 넓고 넓어서 어떤 것을 퍼부어도 조금도 해가 되지 않는다는 발상이야말로 바다를 죽이고 지구를 해롭게 하는 첩경이다. 일제가 한강토를 침략했을 때의 구실은, 미개한 조선을 합병해서 천황의 자식으로 만들어 만세일계의 통치를 하겠다는 것이었다.

이 얼마나 놀라운 자가당착의 발상일까? 적어도 수천 년 동안, 한강토에 빨대를 꽂고 등골을 빨아먹은 족속들이 내세울 구실은 아니건만 섬나라는 개의치 않았다. 오늘날 달라진 것이 하나도 없다. 후쿠시마의 물과 생산되는 모든 것들이 안전하다고 말하는 그 인간들을 백 일 동안 가두고 그것만 먹게 해야 한다. 과연 안전한지 그 자신들이 증명하면 될 일이다. 지구가 유한한 존재인데 무한대의 바다가 어찌 있을 수 있나? 이미 우리의 바다는 지상의 인간들이 쏟아놓은 온갖 오물들에 의해 망가지고 있다. 플랑크톤조차도 미세 플라스틱을 품고 있는 현실에서, 원자력 오염수를 방류하겠노라는 저 섬나라의 인종들에게 그 바닷물만 먹게 하고 싶다. 일본열도 침몰이라는 영화나 드라마, 책들이 끊임없이 자국의 나라 사람들에게서 만들어지는 이유를 일본은 깊이 생각해 보아야 할 것이다.

03:09

냉혹하고 무심한 이웃

우리가 지금 어떤 세상에서 살고 있는지 돌아보며 나 스스로를 요즘 자주 생각하게 된다. 이런 생각은 지구별에서 살아온 사람들이라면 다 해보았을 것이다. 천재지변과 폭정과 기아와 전쟁... 시대마다 백성을 고통으로 몰아넣는 일들은 반드시 있었다. 그러나 지구별의 주민으로 태어난 오늘날의 많은 사람들이, 예전의 사람들은 겪어보지 못한 많은 혜택을 누리면서 살고 있다. 일반의 백성들이 이런 편안과 혜택을 누리면서 의식주에 대한 걱정을 하지 않아도 되는 시대는 일찍이 전무했다. 우스갯소리로 왕조차도 이렇게는 못 살았다고 할 만큼 풍요로운 생활을 누리면서 살아가고 있다. 그러면서 또한 예전의 사람들은 한 번도 겪지 않은 기이한 재난을 무방비로 당하면서 살기도 한다. 나 자신의 선택이나 국가의 선택조차 전혀 관계없이, 이웃 나라라는 이유만으로 당하는 재난에 우리는 어떤 대처를 해야 옳을까?

13년 전 일본의 후쿠시마 원전 사고로 인해 우리는 많은 영향을 받았음을 대부분 잊어가고 있다. 2011년 3월 11일, 일본의 동북부 지방을 강타한 지진과 그로 인한 쓰나미로 인해 후쿠시마에 있던 원전에서 방사능이 누출되었다. 이 사고의 위험 수치는 러시아 체르노빌 원전 사고와 동급에 이른다고 한다. 지금까지도 체르노빌 주변은 황폐한 무인지대로 별의별 기이한 동식물의 이상 기형의 보고가 되고 있다. 방사능의 영향이 얼마나 무서운지를 실제로 보여주고 있는 것이다. 사고 이후 후쿠시마의 모든 주민들은 퇴거 명령을 받고 고향을 떠나 다른 곳으로 이주해서 살아가고 있다. 그러나 그것은 일정 시간이 지나서였고, 대부분의 주민들은 대피할 필요가 없다는 정부의 안내만 믿고 방사능 오염 속에 방치되고 있었다. 일본 사람들은 정부의 말을 참으로 잘 따르는 사람들이어서 가능했던 일이었다. 그러나 위험도가 나날이 커지고 수습할 수 없는 지경에 이르자 정부는 주민들을 강제로 퇴거시켰다.

그러나 이미 방사능에 노출된 주민들의 상태는 무섭게 나빠지고 있었다. 피난처에 도착하자마자 모든 짐들에서 사람까지 방사능 측정을 했는데, 어떤 주민들은 옷에 측정기를 대자 바늘이 끊어지는 사태가 속출하기도 했다. 주민들은 말로 표현할 수 없는 통증들을 호소했고 피부엔 붉은 발진이 퍼지기도 했다. 음식이 몸에 들어가면 통증은 없는데 바로 설사와 구토를 하는 사람들이 많아졌다 임시 피난처는 현의 체육관이었는데 구토자의 신음과 통증으로 인한 절규로 아비지옥이나 마찬가지였다고 한다. 그러나 일본의 모든 언론들이나 정부 기관은 별일이 없다고만 발표하고 있다. 다른 곳에서의 피난 생활의 가혹함을 이기지 못한 많은 사람들이 여름에 후쿠시마로 돌아갔다. 다른 방편이 없어 택한 선택이었다. 그리고 2016년, 피난자 검진에서 대부분의 주민들은 갑상선암을 비롯한 여러 암의 진단을 받았다. 평소에 아무 문제가 없던 건강하던 사람들이었다.

아이들조차도 암이 발병했고 후쿠시마 주민들은 도쿄전력과 일본 정부에 손해 배상을 청구하는 소송을 오래 진행하고 있다. 그러나 일본 법원은 원전 사고로 인한 방사능 피폭과 암 발병 사이의 인과 관계를 전혀 인정하지 않고 있다. 도쿄 전력도, 일본 정부도 모두 무죄이니 주민들이 알아서 하라는 판결이었다. 후쿠시마 주민들은 국가에 의해 철저하게 버려졌다. 이것이 일본이라는 나라의 정체성이요 생리이다. 자국민이라 할지라도 어떠한 일에 의해 오염되면, 일본이라는 나라의 생태계에서 지워버리는 것을 태연하게 해낸다. 일본이라는 나라를 존속하기 위한 나름의 방편이다. 13년이라는 시간이 흘렀으나 사고의 피해는 더욱 커지고 감추려는 정부의 억압 속에서 곪아가고 있다. 드러내지 않으면 그 사실은 없다는 이 어처구니없는 일이 이제 더 크고 끔찍한 사건으로 변해서, 일본의 가장 가까운 나라인 한강토를 위협하고 있다.

저 섬나라는 아무것도 아니라는 듯이, 방사성 오염수를 바다로 흘려보낸다고 발표했다. 안전하고 해양에 아무런 위해를 가하지 않는다고 말하는 무심한 모습에 소름이 끼친다. 해저 터널을 통해 오염수는 우리의 바다로 흘러가 청정한 해류에 합해져서 퍼질 텐데도, 가장 근접한 국가인 우리에게 전혀 피해가 없단다. 그린피스는 방사성 물질이 바다 생태계와 인간에 미치는 영향에 대한 연구 결과를 준비 중이라고 하지만 사후약방문이 될 것이다. 저 끔찍한 이웃 나라의 결정이 불러올 결과에 대해 우리는 제대로 방어하고 있는 것일까? 방사능 물질은 바다를 떠돌며 해산물에 축적되고, 그 해산물을 먹는 우리들의 몸 안에 쌓여 돌이킬 수 없는 결과를 초래할 것이 뻔하다. 그래도 저 섬나라는 하얗게 분칠하고 새빨갛게 색칠한 입술로 상냥하게 웃으며 괜찮다고 할 것이다.

03:10

공익이라는 광고의 아이러니

공익 광고 중에 펫티켓이라고 하는 광고가 있었다. 타인의 반려견을 함부로 귀여워하거나 접근하지 말라는 광고인데, 그 광고를 볼 때마다 어쩐지 마음이 살짝 꼬였다. 다른 사람이 남의 반려견을 만지거나 접근하는 것은 견주가 밖으로 데리고 나왔을 때일 것이다. 남의 집 담장을 넘어가서 만지지는 않을 테니 말이다. 길에 산책 나온 개에게 다가갈 수 있는 것은 본인도 애견인이기에 그럴 테고, 원래 펫이란 것은 사랑받기 위해 길러지는 동물이니 누구라도 예뻐하는 것이 문제가 될 이유가 없다고 생각하는 나는 그 광고를 볼 때마다 불편했다. 애견인 단체가 그런 광고를 내는 것도 아니요, 적어도 공익 광고의 내용이 뭔가 전도된 느낌이다.

강아지가, 다가오는 사람의 기척을 호랑이가 다가오는 것과도 같은 공포를 느끼는 것인지 솔직히 나는 모르겠다. 그러나 공원이나 길에서 몇 마리의 개를 끌고, 아니 사람이 끌려가는 광경을 보면 나는 오금이 저린다. 저녁 무렵 송아지만 한 개를 산책시키며 입에 보호장구도 하지 않는 광경과 부딪히면 나는 온몸이 굳어진다. 개를 안고 걸어가며 연신 입 맞추는 사람을 보면 너무 기분이 나빠져서 하루 종일 속이 메슥거린다. 개들을 데리고 나와서 아무 곳에서나 태연히 배변시키는 사람들. 마트에 개를 안고 들어와서 카트에 태우고 다니는 사람들. 음식점에 막무가내로 개를 데리고 오는 사람들. 반려견이란 위치까지 오른 동물들에게 추호의 나쁜 감정이 없으나 이런 몰상식한 반려인들에겐 유감이 많다.

공익 광고를 해야 한다면 반려인들에게 반려견을 키우면서 조심해야 할 일들을 먼저 주의하도록 광고해야 하는 것이 아닐까? 인간들의 사회이고 비애견인이 반려견을 위해서 권리를 침해당할 이유는 없다고 생각한다. 동물을 좋아하고 안 좋아하고는 순전히 취향의 문제이지 인간성의 문제는 아니다. 내게 위협이 되지 않는다면, 반려인이 반려견을 목숨보다 사랑한다고 해도 문제가 안 된다. 외국의 기인들처럼 강아지에게 전 재산을 물려주고 죽었다 해도 그러려니 한다. 사랑하면 그런 기이한 짓도 할 수 있으니까 인정해 준다.

나는 단 한 번도 어떤 동물이라도 학대해 본 적이 없으며, 유기되는 개나 고양이에게 깊은 연민을 느낀다. 그래서 진정한 반려인이 되지 못하는 애견인들에게 화가 난다.

반려견이 받을 불유쾌한 상황을 만들지 말자고 공익 광고를 할 것이 아니라, 반려인이 되는 애견인들을 먼저 교육하는 광고를 해야 할 것이다. 내 새끼라면서 그렇게 물고 빨다가 조금만 크면 가차 없이 버리는 견주, 내 주변에도 여럿 있다. 강아지는 무조건 작아야 한다면서 좀 크면 남에게 가져가라고 사정사정하는 그런 사람들이 정말 동물을 사랑하는 걸까? 내가 본 광고가 공익 광고가 아니라면 지금 이런 글을 쓸 이유도 없다. 공익광고씩이나 하면서 동물을 먼저 생각하라고 요구하는 그것이 어이없을 뿐이다.

견주들이 유기한 동물들 때문에 일반인들이 얼마나 피해를 보는지 좀 제대로 알고, 견주들이 올바르게 반려동물을 보살피도록 독려하는 광고를 해야 한다는 말이다.

무엇이든지 사소한 것이라도 내가 당하는 피해가 가장 크다. 그러니 국민의 세금을 들여서 그런 광고를 할 것이 아니라, 우리의 어린이들을 보호하는 내용의 광고를 하든지 할 일이다. 성범죄는 무조건 엄벌을 하고, 특히 미성년 성범죄가 얼마나 무서운 것인지를 가르치는 내용의 광고를 하든지! 공익 광고가 일부의 사람들에게만 해당되는 것이 아닐 텐데 굳이 강아지를, 견권을 보호하자는 광고를 꼭 공익이란 이름을 내세워 해야 하는 건지 묻고 싶다.

지금 공익이란 이름을 내걸고 해야 할 광고가 이뿐이겠는가? 자연에 대한 훼손이나 이상기후며 자연 재난에 대한 우리 모두의 관심이 그 어느 때보다 필요한 시기이다. 무엇이 먼저인지 분별이 되지 않는 것이 두렵다. 때로 무엇을 만드는 사람들의 머릿속을 들여다보고 싶어진다.

03:11
우리 동네의 하천

한강토 삼천리는 마치 모세혈관 같은 하천과 강으로 이어졌다고 해도 과언이 아니다. 지구상의 많은 나라들도 그렇겠으나, 실상 한 방울의 물도 없이 마른 땅들이 더 많다. 80억이란 인구가 살아서 과밀 상태인 지구이지만, 인류가 생을 보존하고 살 수 있는 땅은 사실 많지 않다. 무엇보다 물이 있어야 살 수 있었고, 동토의 땅에서도 인간이 살아갈 수 있는 이유는 물이 존재하기 때문이다. 그래서 인류의 모든 문명은 강으로부터 시작되었다.

나는 부산에서 태어났지만 인천 서구에 거주한 지 이십 년이 훨씬 넘었다. 지구 생태 환경에 관심을 가지고 여러 공부를 하면서 관심이 모아진 것이 물이었고, 그러다 보니 하천에 관심을 두게 되었다. 물이야말로 인류의 생명, 그 자체임을 알게 된 것이 나의 가장 큰 깨우침이다.

여러 봉사를 하면서 그런 쪽을 찾게 되었고, 서구에 생태하천위원회란 곳이 있는 것을 알게 되었다. 나는 몇 해 전부터 함께 하면서 집중적인 관심과 참여로 열심을 다한다. '인천 생태하천위원회'는 지구 환경이나 기후변화에 그다지 관심이 없었던 수십 년 전부터, 인천의 모든 하천에 관심을 가지고 지금까지 전력을 다해 노력하는 단체이다. 하천 주변을 정화하고 토종 생태 식물을 보존하기 위해 많은 노력을 기울이고 있다.

하천마다 그곳의 토종 식물과 어종이 있고, 그것을 보전하기 위한 지속 가능한 활동을 하는 것의 중요함을 갈수록 인식하게 되었다. 세계의 재난이나 기후 환경의 보전이 시작되는 곳이, 바로 지금 내가 거주하는 동네라는 것을 깨우치는 것이 얼마나 중요한 일인지 모른다. 항상 주장하는 말이지만, 모든 것은 내가 시작이고 끝이다.

지금 내가 살고 있는 곳이 가장 중요하다는 인식이 필요하다. 내가 마을의 하천을 청소하면, 지구의 모든 하천이 정화된다. 함께 활동을  거듭하면서 나는 내가 살고 있는 곳의 하천이 어디 있으며, 몇 개인지도 알게 되었다. 알고 행동하는 것과 모르고 하는 것이 얼마나 차이가 있는지 놀라울 정도다. 하천은 국가 하천과 지방 하천으로 나뉘는데, 서구엔 8개소의 지방 하천이 있다. 계양천, 시천천, 공촌천, 심곡천, 나진포천, 검단천, 대포천, 대곡천 등이다. 2027년 검단구가 서구와 분구가 되면, 5개 하천이 검단구로 포함될 것이고 서구엔 3개의 지방하천이 남게 된다. 갈산천, 가현천, 매천, 신기천, 금곡천, 용천, 목지천, 오랑천, 완정천, 상동천, 황곡천의 11개 하천은 소하천인데, 분구가 되면 주소지에 따라 검단구나 서구에 속해질 것이다.

우리나라의 국가 하천은 2024년 3월 5일 기준으로 73개이며, 이후 올해 10월부터 20개소가 승격을 기다리고 있다. 하천의 뜻을 제대로 모르는 사람이 많은데, 우리 세대를 비롯해 마당으로 흐르는 개골창 등을 그저 보고 접한 사람들이 많기 때문이다. 우리에게 그런, 흐르는 물은 언제나 있는 자연이었다. 어디든지 마실 수 있는 물이 흘러 말 그대로 삼천리 금수강산이었다. 그러나 이제 그런 실핏줄들은 사라졌고, 남아있는 하천의 보전이 중요함은 어쩌면 국가 존망이 걸린 일일지도 모른다.

하천이란 한마디로 말하자면, 지표면에 흘러내린 물길이 모여 흐르고 고여 있는 모든 상태를 말한다. 물길이 제대로 흘러야만 모든 자연 생태계가 손상을 입지 않을 뿐만 아니라, 인간도 살아갈 수 있다. 물길이 원활하지 못해 범람하고 침수되는 모든 것이 인간에게 가장 큰 고통을 준다.

몇 년 전의 서울 강남역 부근의 침수 사태가 좋은 예이다.

우리가 하천에 아무렇게나 쓰레기를 투척하고 돌을 던지는 행위들이 바로 우리 스스로를 죽이는 행위임을 각성해야만 한다. 인천 하천위원회는 2002년 1월, 인천 '서구 공촌천 시민 사랑 모임'으로 시작되어, 2003년 3월에 '서구 공촌천 네트워크'로 바뀌었다. 다시 2018년 1월에 '인천 네트워크 하천협의회'로 개칭했으나, 2020년 1월부터 법인이사제를 도입한 사단법인 체제로 변경해서 지금의 정식 명칭은 '사) 인천 생태하천 위원회'이다. 전) 김갑석 이사장, 현) 김영호 이사장의 리드 아래, 모든 행정 업무를 맡고 있는 노중선 상임대표이사, 김홍국 사무총장을 비롯해 5명의 법인 이사로 이루어진 조직이며 일반 이사를 포함해서 현재 300명의 회원으로 이루어져 있다.

국가의 보조도 받을 때가 있었으나, 지금은 회원들의 순수 회비와 이사진들의 후원으로 어렵게 꾸려가고 있다. 그러나 작은

선이 모여 큰 것을 이루며, 기적의 일들이 벌어지는 것이 만고의 진리이다. 몇십 년 전부터 아무도 신경 쓰지 않았던 하천의 보전을 위한 노중선 대표이사의 노력이 뿌리를 내려 오늘에 이르렀으니, 나는 하나의 작은 선이 중심이 되어 큰일을 이루기를 소망한다. 내년부터 생태하천에 관한 백일장과 사진전 등을 지속해서 열 계획이다. 토종생물 방류 행사, 하천 주변의 정화 활동과 외래식물 제거 작업, 포럼과 콘퍼런스 등이 끊임없이 계속되어 지역의 환경보전에 관한, 중요한 센터의 역할을 다할 것이다.

또 하나의 중요한 사업으로, '인천광역시 하천 센타'를 건립하고자 중장기적인 계획들을 가열차게 추진하고 있다. 나는, 사) 인천 생태하천 위원회의 자랑스러운 일원이다.

03:12
심판의 날에도 뜨는 비행기

　성경에도 나와 있고 인류사에 있었던 대부분의 신화와 종교들이, 인류 최후의 날을 말하거나 점치고 있다. 공포스럽긴 하지만 당연한 일이라고 생각한다. 불멸을 이어가는 존재는 인간을 비롯해서 자연계의 그 어떤 것도 없다는 것을, 고대 때부터 현자들은 알았고 옛날의 사람들은 지금보다 훨씬 모든 현상에 순응했으니 말이다. 생겼으니 소멸하는 것을 자연스러운 것으로 여겼다는 말이다. 생명의 순환은 지구의 생명력을 이어가는 너무나 자연스러운 일이었다. 그렇다면 우리들은 사는 이 21세기는 과연 멸망할 이유나 소지가 없는 것일까?

　자연재해나 기후 변화로 인한 이상 현상으로, 많은 사람이 염려하고 해결책을 강구하려고 노력하지만 기본의 바탕에 깔린 공감대는 아직은 멀었어... 이다.

적어도 이 세기는 그런 일이 없을 거라고, 아직은 고치고 변화하고 개선해 나갈 여지가 많다고 여기는 것을 간과할 수 없다. 어떤 이들은 말하기를, 차라리 이상 기후와 그에 파생되는 재난으로 인류가 공멸하는 것이 낫다고 말한다. 어떤 기회로든지 전쟁의 공포를 직간접으로 체험한 이들은 심각한 트라우마 상태이다. 자연이 주는 재해는 누구나 어쩔 수 없이 받아들여야 하는 운명적인 것이지만 전쟁은 전혀 다르다. 지금 개전 중인 몇 나라의 양상을 봐도 그렇다. 자연의 재해로 인한 멸종보다 더 다가오는 것은, 전쟁으로 인한 멸망의 공포인지도 모른다. 현재도 그렇지만 지구의 어느 곳에서 전쟁이 멈춘 적은 단 하루도 없다. 그러나 아무리 전쟁이 발발했어도 지금까지는 내 나라가 아니면 안전했다.

불구경은 강 건너의 일이고, 사람들이 죽고 갖은 참혹한 사건이 발생해도 내 땅이 안전하면 그것으로 그만이었다. 그런데 21세기의 다가오는 미래에도 과연 그러할까? 놀랍게도 인류를 단 순간에 멸망시키고 지구를 초토화할 수 있는 것은 하느님이나 신이 아니다. 뭔가로 인해 강대국 몇 나라의 지도자가 화가 나면 신이 말릴 틈도 없이, 우리는 느끼지도 못하고 죽을지도 모른다. 심판의 날을 신이 만드는 것이 아니라, 실제 현실에 존재하며 그것을 인간이 좌지우지할 수 있다.

공포의 전율을 느낄 수밖에 없는 이 일이, 현재 인류가 처한 현실임을 자각하는 사람들이 얼마인지 모르겠다. 심판의 날이라고 이름 지은 멸망의 날이 있고, 그날에 하늘에 죽음의 사자가 검은 날개를 편다. 바로 '심판의 날에 뜨는 비행기'이다. 이 무슨 만화 같은 말이냐고 웃고 싶은가?

미 공군의 공중 지휘통제기인 'E-4B' 나이트워치라는 비행기의 또 다른 이름이 바로 심판의 날에 뜨는 비행기이다. 전 세계의 온갖 비행기를 보유한 미국에서도 단 4기뿐인 희귀한 비행기이다. 이 비행기가 심판의 날에 나타나는 비행기인 이유가, 미 본토가 핵공격을 받았을 때 모든 전투를 지휘하는 통제 본부이기 때문이다. 대통령을 비롯한 군 통수권자들이 모두 탑승해서 전 세계의 미군들에게 암호공격을 하달한다. 이름은 다르지만, 러시아에도 있고, 심판의 날이라는 말처럼 순간적으로 지구가 핵으로 뒤덮일 수도 있는 현실이 이 지구에 언제나 존재하는 것이다. 실제 현재 우크라이나와의 전쟁에서 상상 이상으로 고전하고 있는 러시아의 푸틴은 핵공격을 언급하고 있다. 나는 전투며 전쟁에 무지한 사람이어서 더 즉각적으로 모든 것이 다가온다.

누가 이득이고 누가 승리할지 전혀 예측할 수 없기에, 인류를 순식간에 공멸할 핵전쟁의 위협에 떨 수밖에 없다. 경험하지 못한 것을 상상하는 것이 더 두려운 일이지만 자연재해가 더 심해진 요즘에 나는 심각하게 심판의 날을 생각한다. 인류가 만든 초과학으로 인류사가 문 닫을 수 있다는 생각은 결코 몽상만은 아니다. 시대를 벗어난, 도저히 그 시대, 그 장소에 있을 수 없는 유물을 오파츠라고 하는데 고고학자들이 발견한 그런 유물들이 너무나 많아서 인류사적인 고고학은 혼돈일 때가 종종 있다. 자연적으로는 도저히 생길 수 없는 유물을 고대의 어느 시기에 발견하게 되는 고고학자들이 가지는 의문이 어쩌면 맞을지도 모른다. 어쩌면 우리의 지력으로 알 수 없는, 이 지구에서 그런 일이 없었다고 누가 말할 수 있을까? 몇 번이나 인간이 만든 심판의 날들이 있었을지도 모른다.

에필로그

　첫 번째 책을 출간하면서 에필로그를 무엇으로 써야 하나 많은 고민을 했다. 그러다가 나는 '고백의 작가'니 솔직한 내 마음을 쓰면 될 것을 깨달았다. 내가 무언가를 인지하고 그 인지된 것에 대한 글을 고백하는 것이 나의 글쓰기이다. 어릴 때의 일로부터 지금까지 나는 글에 모든 것을 고백한다. 이 책에 실린 수십 편의 글들은 한 편, 한 편이 모두 나의 간절한 고해성사이다.

　자연과 환경에 대해 진정한 관심을 가지게 된 것은 쓰레기로부터 비롯되었다. 쓰레기는 당연히 생기는 것이고, 버리는 것으로만 생각했던 때가 있었다. 어느 날부터 그런 쓰레기가 보였다.

　너무나 아무렇지 않게 버려지고, 공포스럽도록 많이 발생하는 일회용품에 대한 근심이 나의 자연환경 회복의 첫걸음이었다.

다방면으로 공부하고 관심이 더해지면서 깊이 느끼게 된 것은, 그 무엇보다 화해가 필요하다는 것이다.

걷잡을 수 없이 틀어져서 끝장으로 가기 전, 화해의 손길을 내밀어야 함을 깨달았다. 화해하고, 용서받고, 바로잡으며 더 늦기 전에 멈추어야 함을 절실하게 깨달았고, 그 매개체로서 나의 역할은 글쓰기였다. 그래서 나의 글은 화해의 메시지이다. 살아오면서 알게 모르게 자연에게, 지구에게 저질렀던 잘못의 고백이며 화해와 용서를 구하는 간구이다.

내가 살고, 또 나의 누군가가 지속적으로 살아가야 할 지구를 보듬으며 속삭이는 나의 메시지가 모두에게 전달되기를 소원한다.

많은 글 가운데서 첫 출판을 무엇으로 할 것인지에 우리는 고민도 없이, 의논도 없이 자연과 기후와 환경에 관한 글을 선택했다. 출판을 주재하는 황선진 대표와 나의 마음이 합일이 되어 가는 것이 놀라웠고 그 이유도 알게 되었다. 우리는 우주 만물을 비롯한 자연에 이르기까지. 글로 선한 에너지를 일으켜서 세상을 조금이라도 변하게 하자라는 마인드가 일치되었다. 일찍이 인류사에 없었던 자식들로 가득 찬 이 세계에서, 누군가의 어떤 글이 무슨 큰 힘이 있을까... 고민하지 않는다. 어느 누군가는 공감하고 그 공감이 빛처럼 퍼질 것을 믿기 때문이다.

내가 가장 잘할 수 있고 잘하는 것으로 공감을 얻을 수 있는 작가가 된 것이 나는 가장 행복하다. 인천에서 이십여 년을 살면서 많은 사람을 만나고 함께 봉사하고 일하면서, 나의 글쓰기에 동참하진 않았으나 나만이 느낄 수 있는 영감을 준 이들이 참으로 많다. 그들은 모르고 있겠지만, 내가 항상 남다른 마음으로 고마움을 느끼며 기도와 미소로 응원하는 사람들. 하천의 회복에 놀라운 열정을 가지고 전공자들보다 더 뛰어난 이론과 경험치를 가지고 나를 감동시키는 노중선 대표 이사에게 감사한다. 진짜의 열정을 가지고 말없이 행동하는 김영호 생태하천 위원장도 내게 영감을 주는 사람이다.

자신이 살고 있는 마을의 일을 손살 피같이 살피고 해결하는 이지학 주민자치 위원장도 내가 감동하는 사람이다. 내가 살고 있는 동네의 유일한 초등학교인 봉화초교의 폐교를 막는 운동을 함께 하면서, 나는 부위원장으로 그를 도우며 마을을 향한 진심의 발현이 무엇인지를 그때 깨달았다. 올해 마을의 화분에 나무가 심어졌는데 4층에서 물을 가져오는 나를 돕기 위해, 자신의 가게 앞에 세 통의 물을 말없이 준비해 주는 그를 나는 존경하고 글의 영감도 얻는다. 누군가를 위하는 도움은 큰 것이 아니며, 그런 소소한 행동임을 느끼게 하는 것이 정말 중요하다는 것을 알게 하는 사람이 있는 것이 행복하다.

그 외에도 인천 서구에서 만나는 수많은 봉사자의 말 없는 헌신에 나는 얼마나 많은 영감을 얻는지 모른다. 선한 에너지의 발현으로 나는 더욱 나아가며 글을 쓴다.

꼭 이름을 밝히고 싶은 고마운 사람이 또 있다. 인천매거진 이운재 대표. 나의 가능성을 인정해 주고 인천매거진에 매주 칼럼을 연재하며, 나의 성장을 응원하는 그에게, 이 글을 빌어 진심의 감사를 전한다. 언제나 부족하고 서툰 엄마의 곁에서 든든하게 지켜주면서 함께 동행하는 내 아들 조경대. 고맙고 사랑한다.

마지막으로 어리석은 대녀를 위해 늘 기도하는 수산나 대모님께도 진심의 감사를 드리며, 내 생의 길을 함께 걸어가는 사람들에게 응원과 감사를 보내면서 그들과 자연과 지구와 동행하는 글을 쓸 것이다.